装配式建筑结构体系研究

毕　升　赵金霞　高华锋　著

哈尔滨出版社
HARBIN PUBLISHING HOUSE

图书在版编目（CIP）数据

装配式建筑结构体系研究／毕升，赵金霞，高华锋
著． -- 哈尔滨：哈尔滨出版社，2024.8. -- ISBN 978-
7-5484-8154-6

Ⅰ. TU3

中国国家版本馆 CIP 数据核字第 2024YM9446 号

书　　　名：装配式建筑结构体系研究
　　　　　　ZHUANGPEISHI JIANZHU JIEGOU TIXI YANJIU

作　　　者：毕　升　赵金霞　高华锋　著
责任编辑：刘　硕
封面设计：赵庆旸

出版发行：哈尔滨出版社（Harbin Publishing House）
社　　　址：哈尔滨市香坊区泰山路 82-9 号　　　邮编：150090
经　　　销：全国新华书店
印　　　刷：北京鑫益晖印刷有限公司
网　　　址：www. hrbcbs. com
E-mail：hrbcbs@yeah. net
编辑版权热线：(0451) 87900271　87900272
销售热线：(0451) 87900202　87900203
开　　　本：787mm×1092mm　1/16　　印张：11.5　　字数：260 千字
版　　　次：2024 年 8 月第 1 版
印　　　次：2024 年 8 月第 1 次印刷
书　　　号：ISBN 978-7-5484-8154-6
定　　　价：48.00 元

凡购本社图书发现印装错误，请与本社印制部联系调换。
服务热线：(0451) 87900279

前　言

近年来，建筑产业现代化正以前所未有的态势蓬勃发展，其核心在于建筑工业化的深度实践与全面推广。这一转型不仅标志着生产方式从手工劳动密集型向技术密集型、信息化管理的现代化生产方式的飞跃，更深刻体现了人们对标准化设计、工厂化生产、装配化施工、一体化装修及全生命周期信息化管理的全面拥抱。建筑工业化作为推动建筑业转型升级的关键力量，不仅重塑了房屋建设的内在逻辑，更在国家层面助力实现新型城镇化战略，促进节能减排与可持续发展。

在这一背景下，发展新型建造模式，尤其是装配式建筑的普及与应用，成了建筑产业现代化不可或缺的一环。装配式建筑以其独特的优势——缩短建设周期、提升工程质量、显著节能减排、减少环境污染等，成了推动建筑业创新发展的重要引擎。它不仅代表着建筑业技术的革新，更是对未来绿色建筑、智慧城市理念的生动实践。

本书旨在深入剖析装配式建筑的发展历程、技术体系、实践案例及对未来的展望，为工程技术人员提供一部全面、系统、实用的指南。本书不仅涵盖了装配式木结构、钢结构、混凝土结构的详细介绍，还深入探讨了装配式建筑项目管理的关键环节，包括设计管理、生产管理、施工管理、质量管理等，力求为企业正确掌握装配式建筑技术原理与方法提供有力支持。

此外，本书广泛适用于建筑产业现代化的科学研究、工程管理、建筑设计施工及政府决策等多个领域，可作为专业人员培训、学术研究及政策制定的参考用书。通过本书的推广与应用，我们期待能够进一步推动装配式建筑技术的普及与发展，促进建筑产业现代化的深入实施，共同构建一个更加绿色、高效、可持续发展的未来建筑世界。

目　录

第一章 装配式建筑的发展

第一节 装配式建筑的概念及体系

一、装配式建筑的概念和特点

(一) 装配式建筑的概念

装配式建筑,作为建筑产业现代化的重要标志,通过将建筑分解成独立构件在工厂或现场预制,随后运输至现场,利用机械吊装和专业技术组装而成。此模式自诞生之初,便以其施工速度快、劳动强度低、耗工少等优势,有效缓解了第二次世界大战后多国面临的劳动力短缺与住房危机,迅速成为各国建筑业关注的焦点并被广泛推广。

作为新兴建筑形式,装配式建筑完美契合现代施工模式,成为推动建筑产业现代化的关键力量。其预制部件在工厂批量生产,现场快速组装,相较于传统现浇建筑,显著提升了生产效率,降低了人力成本,增强了产品质量,并有效减轻了对自然环境的影响。这一转变标志着建筑业从粗放型生产迈向集约型发展,引领了现代化转型的新方向。

自改革开放以来,我国政府高度重视建筑工业化进程,积极推动装配式建筑发展,致力于构建机械化、工业化的施工体系,以此革新城市建设模式,促进资源节约与环境友好型社会的建设。装配式建筑不仅是未来建筑业发展的主流方向,更是实施创新驱动发展战略、推动经济转型升级的关键举措。

(二) 装配式建筑的特点

随着建筑现代化和工业化的发展,越来越多的学者关注装配式建筑的研究,通过大量研究和实践的相互结合,装配式建筑与现浇混凝土建筑施工方式的差异性分析如表 1-1 所示。

表1-1 装配式建筑与现浇混凝土建筑施工方式的差异性分析

施工阶段	装配式建筑	现浇混凝土建筑
主体结构工程	部件工厂化预制—吊装准备—柱、梁、板吊装—楼梯、阳台、外墙板吊装—剪力墙、内部隔墙安装—后浇部位钢筋绑扎—后浇部位支模、预埋件安装—混凝土浇筑养护—逐层施工	放线框柱、剪力墙钢筋绑扎框柱、剪力墙、梁、板模板支设—梁板钢筋绑扎—框柱、剪力墙、梁板混凝土浇筑—逐层施工
	屋面防水—地面防水—外墙装饰（安装水管）—室内地面（踢脚线）—内墙抹灰—门窗工程	屋面防水—外墙装饰（安装水管）—室内地面（踢脚线）—内墙抹灰—门窗工程

二、装配式建筑的分类

（一）按照结构体系分类

1. 砌块建筑

砌块建筑，作为一种独特的装配式建筑形式，其核心在于采用预制的块状材料堆叠构建墙体，这种建筑方式在低层住宅领域尤为普及，常见于三至五层结构之中。然而，随着技术的进步，通过巧妙地配置高强度钢筋或选择高性能的砌块材料，砌块建筑的抗压能力和结构稳定性得到了显著提升，从而使其能够承载更高的楼层，拓宽了应用范围。

在砌块的选择上，依据其体积大小，可分为小型、中型及大型砌块三大类，每类砌块均有着独特的适用场景与优势。小型砌块，以其小巧的体积和灵活的使用特性，成为广泛应用的典范。它们不仅便于人工搬运与砌筑，而且能够适应多样化的建筑需求，尽管其工业化程度相对较低，但这并不妨碍其成为建筑领域的常青树。中型砌块，则在体积上有所提升，因此需要借助小型机械设备进行吊装作业，尽管这在一定程度上增加了施工难度，但却显著减少了人们对大量砌筑劳动力的依赖，尤其适合那些工业化程度尚待提升的地区。至于大型砌块，尽管其在施工便利性上有所欠缺，且已逐渐被预制的大型板材所取代，但在历史上，它们也曾是砌块建筑领域的重要一员。

从外形上看，砌块建筑所采用的砌块可分为空心与实心两种类型。实心砌块多采用轻质材料制成，旨在减轻建筑自重，提高结构安全性。而空心砌块，则凭借其多孔结构，在保温隔热方面展现出卓越性能，有助于提升建筑的居住舒适度。在砌块接缝处理上，施工团队需采用高质量的水泥砂浆进行精细砌筑，以确保墙体的整体稳定性和强度。

砌块建筑之所以备受青睐，主要得益于其多方面的显著优势。首先，其施工工艺相对简单，仅需少量的小型机械设备即可满足施工需求，降低了施工难度和成本。其次，材料来源广泛，既可实现就地取材，又可充分利用工业生产中的废弃物进行循环利用，有效节约了土地资源，保护了生态环境。最后，砌块建筑还具有较强的适应性，能够满足多种类型房屋的建设需求。更重要的是，相较于传统建筑方式，砌块建筑在成本控制方面表现出色,为开发商和业主提供了更为经济的选择。

砌块建筑作为装配式建筑的重要组成部分,凭借其独特的优势在建筑领域占据了举足轻重的地位。随着技术的不断进步和材料的持续创新,相信砌块建筑将在未来展现出更加广阔的发展前景。

2. 板材建筑

板材建筑,作为住宅领域工业化程度极高的建筑典范,其核心在于高效整合工厂预制的各类板材,如外墙板、楼板等,以组装形式构建而成。这一体系显著提升了装配效率,大幅削减了现场作业的人力需求,施工速度之快令人瞩目,同时展现出对季节与环境因素的卓越适应性。板材的多样化选择是其一大亮点,设计者可依据建筑的结构布局、承重需求及功能性考量,灵活选用不同类型的板材。

在承重结构方面,内墙常优选钢筋混凝土实心板或空心板,以其卓越的承重能力与稳定性,为建筑提供坚实的支撑。而外墙的设计则更为多元,旨在平衡承重、保温与装饰的多重需求。保温性能优异的钢筋混凝土复合板成为热门选择,它们能有效隔绝外界温度变化,提升居住舒适度。同时,装饰性强的大孔混凝土墙板、轻骨料混凝土墙板及创新的泡沫混凝土板墙,不仅丰富了建筑外观,还满足了现代建筑对环保、轻质、高强度的追求。

板材建筑施工的精髓在于板缝处理的精细与防水设计的周密。水平缝的密封通常采用高质量的水泥砂浆进行鹰嘴式填充,确保结构间的紧密连接与防水效果。而垂直缝的处理则更为复杂,需灌注细石混凝土,并通过先进的焊接技术将相邻墙板牢固相连,形成坚不可摧的整体结构。这一系列精心设计的施工步骤,不仅关乎建筑的稳固与安全,更是对整体美学与功能性的全面考量,展现了板材建筑在工业化建筑体系中的独特魅力与广阔前景。

3. 盒式建筑

盒式建筑,作为一种创新的建筑模式,其核心在于盒式结构的全面应用。这种建筑方式将结构部分、内部装修、设备配置乃至家具摆放均在工厂内预先完成,实现了高度的集成化与预制化,一旦运抵现场,仅需简单的吊装与接线操作,即可迅速投入使用,极大地缩短了建设周期,提高了施工效率。

依据不同的形式,盒式建筑可细分为三大类别:首先是全盒式建筑物,此类建筑完全由承重盒或承重盒子与部分外墙板共同构成。对于完全由承重盒搭建的建筑而言,其装配化程度极高,结构刚性优良,为室内装饰提供了在预制阶段即完成的便利条件。然而,这种结构在拼合处会产生双面楼板和双面砖墙,增加了结构的复杂性。另一种全盒式建筑则是将承重盒与部分外壁板错开布置,利用外墙板补齐露明部位,这种设计在美国等发达国家较为常见。

其次是板材盒式建筑物,它巧妙地利用较小开间的餐厅、厕所、楼梯间等作为承重盒,通过在高跨楼板间搭建二层承重盒,并辅以隔墙板划分空间,实现了空间的灵活利用与高效布局。

最后是骨架盒式建筑物,此类建筑的特点在于其钢筋承重体系与箱式构件的轻量化设计。由于箱式构件不承担自身重量，因此采用轻量化钢材建造时，能够显著降低输送与吊装过程中的难度与成本，提高施工效率。

盒式建筑以其高度的预制化、集成化及灵活的形式分类，为现代建筑领域带来了全新的发展思路与实践路径。

4. 骨架板材建筑

骨架板材建筑，一种以钢筋与模板为核心构建的建筑体系，其主体结构承重依赖墙、柱，并在其间灵活设置隔断，形成装配式建筑特色。依据承载构件的结构形态，该体系可细分为两类：框架结构体与承载型构架。前者由柱、梁构建承重框架，其上安置楼板及非承重内外墙板；后者则以梁、楼板为主要承重元素，内外墙则不参与承重。承重骨架多采用重型钢筋混凝土构件，也不乏钢、木与实木板件结合的轻质装配式应用案例，尤适于多层及高层建筑。

在骨架板材装置结构中，自重轻、内部空间灵活划分是其显著优势，促进了高效结构设计的实现。钢筋混凝土框架系统的应用，则涵盖了全安装型与装配整体式（结合现浇结构）两种模式，结构连接技术的精准运用成为确保整体强度与一致性的关键。此类建筑需兼顾设计合理性、轻量化及高空间利用率，节点连接如柱基、梁柱、梁板等均需严格依据技术规格与环境条件精心设计与选用，常见连接方法包括铰接、焊接、牛腿搁置及叠合法（留筋现浇）等。

板柱构造系统采用方形或近似方形的钢筋预制模板与立柱组合，形成稳固基础，建筑物常四角立柱支撑，或采用模板留槽、立柱穿孔穿筋、张拉后浇筑混凝土的创新连接方式，这进一步增强了结构的稳固性与灵活性。

（二）按照受力结构材料分类

1. 装配式混凝土结构建筑

装配式混凝土结构，作为现代建筑领域的一项重要创新，其核心在于将预先制备好的混凝土构件通过精确、固定的连接方式在现场组装而成。这种建筑方式不仅提升了施工效率，还确保了建筑结构的强度、稳定性和抗震性能。当前的装配式混凝土结构均为完全预制，通过现场精密连接与密缝处理，形成坚固而稳定的建筑体系。

在装配式混凝土框架的设计中，骨架与剪力墙共同承担了竖向与平面的荷载，展现出卓越的承重能力。根据不同的结构需求，框架与剪力墙可灵活组合，形成多样化的框架系统，包括但不限于以下几种：

装配整体式混凝土框架结构：该结构结合了整体或局部的预制梁、柱与预制结构，构成装配型整体式混凝土结构。其施工平面布置灵活，成本相对较低，广泛应用于企业厂房、商务大厦、写字楼、校园等各类建筑工程中。

装配整体式混凝土剪力墙结构：通过全或部分预制剪力墙与地下室墙板的组合，形成安装整体式混凝土结构。该结构特别适合于高层住宅和公寓的建设，能够实现户型的灵活布局，同时保持室内环境的整洁美观，且综合成本较低。

装配整体式框架—现浇剪力墙结构：此结构融合了预制框架梁、柱与现浇混凝土剪力墙，兼具框架结构的布局灵活性和剪力墙结构的强度与抗震性能。它特别适用于高层办公建筑和酒店等需要高安全性和舒适度的场所。

装配整体式部分框支剪力墙结构：由于剪力墙构件的平面限制，我们有时需在墙体底部设置骨架，形成整体框支剪力墙。这种结构增大了框架层空间，拓宽了应用范围，适用于底层为商业用途的多高层公寓和酒店等建筑。

装配式单层混凝土排架结构：该结构由预制混凝土柱、屋架、屋面板及支承构件等组成，具有高度的标准化和工业化特点。其结构拼接简单，施工周期短，安装成功率高，常用于单层工业厂房的建设，但近年来已逐渐被轻型钢门式刚架结构所取代。

2. 钢结构建筑

钢结构建筑，作为现代建筑的标志性类型，广泛采用钢质材料构建，包括钢梁、钢柱及钢筋骨架等，通过焊缝、螺栓或铆钉实现部件间的紧密连接。轻盈自重与便捷安装的特性，使之成为大中型厂房、场馆及超高层建筑的首选。钢结构工程不仅体现了建筑工业化的精髓，还确保了结构的可靠与安全。

钢结构建筑的构造方式多元，涵盖多高层钢结构、门式刚架轻型房屋钢结构、大跨度钢结构及低层冷弯薄壁钢结构等。多高层钢结构，以其高强度、抗压抗挠能力著称，常用于抵抗侧应力，结合叠合楼板有效分散楼盖压力，构造类型包括钢框架、钢构架 - 支撑体框架等。

门式刚架轻型房屋钢结构，以其独特的横向与纵向抗侧力体系，实现高效支撑，梁、柱材质多样，适应不同跨度、标高及荷载需求，轻型屋顶设计灵活，排水性能优越。此结构体系因自重轻、刚度高、建造快速、布局灵活及可回收再利用等特点，广泛应用于单层工业厂房、民用建筑如超市、展厅、仓库等，展现出强大的市场竞争力与广阔的应用前景。

大跨度钢结构，则聚焦于空间结构体系，如网架、网壳、悬索、膜结构及张弦梁等，以其独特的形态与结构优势，满足大跨度建筑需求。

而低层冷弯薄壁钢结构，采用厚度不超过 6 mm 的冷弯型钢制成，截面设计精细，主要服务于低层房屋、住宅及公共建筑，以其独特的材料特性与加工方式，为低层建筑提供了经济、高效的解决方案。

3. 钢 - 混凝土混合结构建筑

钢 - 混凝土混合结构建筑，作为现代建筑技术的杰出代表，巧妙融合了钢、钢筋混凝土及钢与钢筋混凝土构件中的至少两种元素，形成了独特的建筑结构体系。在高层及多层建筑中，这种混合结构尤为常见，其设计灵活多变，能够满足复杂多样的建筑需求。

具体而言，钢筋混凝土结构形式在混合结构中占据重要地位。其中，混凝框架建筑结构可能由钢梁与型钢混凝土柱或型钢混凝土梁与型钢混凝土柱组合而成，这些构件的截面设计也充分考虑了型钢混凝土的增强效果。此外，框架 - 剪力墙复合结构同样展现了混合结构的优势，它可能包含钢框架与钢筋混凝土剪力墙的组合，或是混合框架与钢筋混凝土剪力墙的协同工作，有效提升了建筑的承载能力和抗震性能。

框架 - 核心筒混合结构将钢框架与钢筋混凝土核心筒或混合框架与钢筋混凝土核

心筒相结合，这种结构形式在高层建筑中尤为常见，能够有效抵抗风荷载和地震作用。而筒中筒混合结构，如钢框筒与钢筋混凝土核心筒或混合框筒与钢筋混凝土核心筒的组合，更是将混合结构的优势发挥到了极致，为建筑提供了卓越的稳定性和安全性。

钢－混凝土混合结构建筑通过巧妙地组合不同材料和构件，实现了结构性能与建筑功能的完美融合，成为现代建筑中不可或缺的一部分。

4. 木结构建筑

木结构建筑，作为历史悠久的建筑形式，以其取材便捷、工艺简单、自重轻、抗震性能优越及可循环利用等特点，在古代便广泛应用于各类房屋建设，成为最原始的装配式建造典范。在中国，木构建筑技艺精湛，尤以精密的榫卯技术为核心，构建了包含悬臂梁框架、拱形结构及悬索结构在内的复杂而精巧的框架体系，这一体系贯穿了从皇室宫廷到佛教庙宇、再到传统民居的广泛建筑领域，形成了独具特色的建筑材料与结构工艺体系。

步入现代，木结构建筑在传承与创新中发展，依据结构构件所用材料的不同，可分为轻型木结构、胶合木结构、方木原木结构及木结构复合建筑四大类。轻型木结构，采用规格材、木基结构板及石膏板等材料，构建出以木质构架墙、木构造楼盖和木屋盖系统为核心的建筑体系，体现了木结构的轻盈与灵活性。胶合木结构则利用多层板胶合木，打造单层或多层建筑框架，承载能力强，适用于多种建筑需求。方木原木结构，顾名思义，直接使用方木或原木构建建筑框架，保留了木材的自然美感与质朴气息。而木结构复合建筑，则是将木结构与其他建筑材料巧妙融合，创造出既具传统韵味又不失现代感的建筑作品，展现了木结构建筑的无限可能。

第二节　装配式建筑与传统建筑的对比

一、生产方式对比

长期以来，我国建筑业深陷劳动密集型与粗放式管理的桎梏，面临质量、环境、资源、效率等多重挑战。相比之下，装配式建筑以其独特的全生命周期优势脱颖而出，从设计到建造再到管理，均展现出显著提升质量、生产率及工程效益的潜力。

设计上，装配式建筑摒弃了传统施工中设计与施工割裂的模式，强调一体化、标准化设计与信息化协同，紧密联结设计与施工环节，有效规避了设计不合理与施工错误，促进了设计施工的无缝对接。

施工层面，装配式建筑则引领了现场工业化潮流，减少了湿作业与手工操作，降低了劳动强度，并凭借高质量预制构件提升了整体施工质量。这一转变不仅缓解了工人素质与现场工业化水平对施工质量的影响，还显著提升了施工效率，缩短了工期。

装修方面，装配式建筑更是实现了设计与装修的一体化、同步化，避免了传统施工后的二次装修，提高了装修效率与协调性。

装配式生产方式相较于传统模式，在理念、方法、模式、路径及效益上均展现出显著差异与优势。其系统化思维、一体化建造、工程总承包管理、新型工业化道路及整体效益的提升，均契合了建筑业绿色化、信息化、工业化的发展潮流，对推动传统建筑施工企业转型升级具有深远影响。

二、成本对比

关于装配式建筑与现浇建筑的成本对比，我们可以从建筑设计、桩基工程、建筑工程、安装工程与装饰装修工程五个方面进行分析。

（一）建筑设计的成本差异对比

传统混凝土现浇结构的设计流程通常涵盖方案设计、初始工程设计、技术方案设计直至施工图设计，而装配式结构的设计过程则在此基础上额外引入了拆分构件设计环节。这一特殊阶段要求在设计初期便着手将整体建筑构思细化为可预制、易组装的构件单元，同时需完成这些预制构件的详细设计及其吊装方案规划，均需在设计阶段内紧密衔接，确保后续施工的顺利进行。因此，装配式建筑的这一额外设计步骤直接导致了其设计成本的相对提升。

鉴于我国装配式建筑尚处于起步阶段，具备相应设计资质的企业数量稀少，市场面临设计技术与理念尚不成熟、行业竞争不充分及设计服务费用高昂等挑战。这一现状不仅限制了装配式建筑的推广速度，也对其成本控制与市场普及构成了障碍。

（二）桩基工程的成本差异对比

装配式建筑与传统现浇建筑在桩基工程上的处理方式颇为相似，两者均主要依赖现浇工艺，这导致了两者在桩基工程上的显著差异几乎不存在。此外，为了确保建筑的稳固性与安全性，装配式建筑在首层和二层往往也采用现浇建造方式，仅在三层及以上楼层转而采用装配式建造技术，以此实现建造效率与建筑质量的双重提升。

（三）建筑工程的成本差异对比

装配式建筑的增量成本主要集中在建筑工程领域，这主要归因于其与传统现浇建筑在结构施工上的显著差异，尤其是预制构件的引入。预制构件需在专门的准备车间进行制造、加工，并在建筑吊装前预先运送至现场，再经机械设备精准吊装至指定位置。这一系列过程相较于传统现浇方式，不仅增加了物流、储存及吊装等环节的费用，还因我国预制工厂数量有限、装配式建筑项目占比较低，难以实现规模化生产，进而难以通过规模效应降低预制构件的生产加工成本。此外，预制构件成本的增加并未能在装配式建筑的其他成本环节中得到有效抵消，从而显著推高了建筑工程的总体增量成本。

（四）安装工程的成本差异对比

在安装工程领域，尽管起初装配式建造方式相较于普通现浇建造方式在生产成本上显得较高，这主要归因于电气工程和水系统工程等部分的成本增加。然而，随着预制装配式建筑市场的不断扩展及其一体化程度的提升，其安装工程费用正逐步降低。设计一体化的深入应用是这一转变的关键，通过在预制构件详图设计阶段就预先规划设备安装、预留管件并采取相应措施，我们显著优化了施工流程，降低了安装成本。如今，在众多情况下，装配式建筑的安装施工成本已低于甚至远低于传统现浇结构，展现了其成本效益上的优势。

（五）装饰装修工程的成本差异对比

在装饰装修工程领域，装配式建造方式展现了其显著优势，具体体现在成本效益上。由于预制构件在工厂环境下生产，相比现场施工的复杂多变，工厂环境更为优越，控制措施更为严格，因此预制构件的质量更为稳定，减少了墙体、楼地面不平等常见问题。这不仅避免了传统现浇建筑中因表面不平整而需进行的额外抹灰处理，从而节省了材料、人工及机械费用，还缩短了装饰装修工期，降低了设备租赁等间接成本。

进一步分析，装配式建筑与现浇建筑在工程成本上存在显著差异。尽管装配式混凝土建筑在施工成本上可能略高于传统现浇建筑，尤其是在预制构件的生产、运输及吊装等环节，但其在整体装修施工成本上却展现出优势，总体低于普通现浇建筑。同时，两者在桩基施工成本上则基本相当。然而，综合考量，装配式建筑因其独特的建造模式和技术要求，其每平方米造价仍高于传统现浇建筑。

三、造价对比

传统水泥现浇房屋的施工流程涉及原料的运输、存储，以及现场工人的绑筋、支模、浇筑等复杂工序，其造价构成广泛，主要包括人工、材料、机械费用等直接成本，以及管理费、利润、税费等间接成本。其中，直接成本是造价的核心，而规费和所得税作为非竞争性费用，其波动受限。

相比之下，装配式结构施工采用预制构件在工厂生产后运至现场安装的方式，其造价同样涵盖生产、运输、安装及措施费用等要素。不过，装配式施工的管理费和利润由企业自主控制，而规费和税金则保持固定。在影响造价的关键因素中，预制构件的生产、运输和安装费用占据主导地位。具体而言，构件制造费涉及模具、材质、生产及摊销等成本；运输成本涵盖从工厂到现场及工地内的装卸费用；安装费则包括人工、工具摊销及构件垂直运输等。此外，提高预制率能有效减少模板和脚手架等措施费用。

对比两种施工方式，直接费用的构成差异显著，但均对总造价产生决定性影响。要使装配式建筑的造价低于传统方式，关键在于降低预制构件的生产、运输和安装成本。然而，装配式建筑也面临构件制作成本高、模具周转率低、摊销大、制作规模小及配套设计费用高等挑战。尽管如此，其现场劳动力需求可大幅减少，最高可达89%，相比之下，传统现浇建筑则面临较高的人工费和管理费，且保温材料的耐久性通常不及建筑物本身。

四、综合对比

(一) 建造流程方面

传统现浇建筑的建造流程严格遵循工序顺序与空间逻辑，即先地基处理与桩基础，后逐步推进至基坑开挖支护、基础工程、主体结构、砌筑及屋面工程，再至外墙保温防水、内墙抹灰门窗等，最终衔接安装工程、室外工程直至竣工验收。此流程中，各工序环环相扣，前期与后续工作的延误易对整个工期造成显著影响，不利于工期的有效压缩。

相比之下，装配式建筑的建造方式展现出了更高的灵活性与并行作业能力。其流程允许在基坑挖填支护及基础浇筑支护等初步工作完成后，即并行开展多项预制构件的生产加工。随着预制构件的陆续到位，结构吊装、安装、连接及接缝处理等工作可迅速展开，同时不影响剩余构件的持续生产。这种建造模式显著弱化了前后工序间的相互制约，使得室内外装饰等后续工程能紧随结构安装之后迅速进行，最终高效达成竣工验收，有效缩短了整体建设周期。

(二) 用量方面

在对比装配式建筑与传统混凝土现浇工程的用量差异时，我们主要从用工量、用时量和用料量三个维度进行分析。首先，在用工量上，装配式建筑施工引入了构件吊装等新增工序，但在现场减少了木材的使用及木工、混凝土工的工作量，因为构件已在工厂预制完成。综合评估，预制装配式建筑工程相较于传统现浇建筑，其用工量可减少约30%，且现场准备工作的充分性亦对总用工量产生显著影响。

其次，就用时量而言，装配式建筑的优势在于其预制构件在工厂生产期间即已开始制造加工，随后直接运送至现场进行安装，有效缩短了堆放时间。此外，主体施工阶段中，装配式建筑能够并行进行水电安装与装修工作，进一步缩短了整体施工周期。然而，鉴于我国装配式住宅尚处于起步阶段，设计、技术等环节尚待完善，因此纯毛坯房装配式建筑的施工时间并未显著缩短，甚至在某些情况下可能超过现浇结构。

最后，在用料量上，装配式建筑显著减少了木模板的使用，但在钢筋与混凝土的消耗上却有所增加，增幅为5%至7%，这反映了装配式建筑在材料使用上的特定优化与调整。

(三) 成本方面

我国装配式建筑的发展历程虽历经波折，起初受现浇混凝土建筑迅速崛起及技术局限影响，预制构件高昂的生产运输成本成为其推广的瓶颈。然而，随着建筑信息模型技术的兴起与科技进步的推动，装配式建筑正迎来发展的黄金时期。据权威机构评估，其单方造价已逐步趋同于传统现浇建筑，预示着未来随国家发展、时间推移及技术不断革新，装配式建筑的预制成本有望显著低于现浇成本，达到普通住宅用户的心理价位。

综合考量，装配式建筑作为建筑现代化进程中的关键力量，不仅标志着生产方式从手工向机械、从工地向工厂、从现场制作向现场装配的根本性转变，还促进了劳动力结构从农民工向产业工人的优化升级。这一转型全面展现了装配式建筑在性能、效率、劳动强度、质量及环保等方面的卓越优势，是推动建筑业持续健康发展的重要引擎。

第三节　装配式建筑的优势分析

一、成本管理优势

尽管目前装配式建筑在生产成本上相较于传统现浇建筑存在轻微劣势，这主要归因于其在国内的发展尚显稚嫩，技术把控处于探索阶段，加之工艺落后与配套产业链的不完善，共同推高了成本。然而，装配式建筑所展现的无可比拟的优势在多个维度上间接实现了成本节约。其绿色、环保、可持续的核心理念，不仅体现在对水电资源的节约上，还通过工厂化加工模式有效减少了现场环境对材料的浪费，确保了材料质量，降低了因不合格材料导致的返工成本。此外，装配式建筑的构件多采用工厂化生产，这一模式显著缩短了前后工序间的相互依赖及混凝土养护时间，从而实现了工期的有效压缩，间接降低了整体成本。装配式建筑虽在初期成本上略有不足，但其长远效益与综合成本优势不容忽视。

二、质量控制优势

（一）工厂化的标准生产

装配式建筑通过精细化设计，将建筑整体拆解为独立构件，随后在工厂环境中进行标准化、规范化的生产加工。这一过程不仅确保了构件外观与性能的和谐统一，还有效规避了传统施工方法中常见的质量波动与安全隐患，大幅降低了因施工不当导致的返工率，从而提升了建筑的整体质量与安全性。

（二）湿作业工作减少

传统建造方式因涉及大量湿作业，对搅拌、运输等环节的时间、用量、温度及环境条件提出了严苛要求，需精细规划施工路径并预设风险应对措施，以确保建筑质量，这一过程往往耗时费力且经济成本高昂。相比之下，装配式构件采取工厂化生产模式，交由专业且规范化的生产厂家制造，能够更为精准地控制生产环境，有效缩小了外界不利因素的影响范围，从而大大降低了施工过程中的返工率，提升了建设效率与成本控制水平。

（三）吊装装配精度高

装配式构件运输至现场后，交由专业的吊装工人进行安装、连接与灌缝，这可以充分保障建筑的质量。

三、安全控制优势

相较于传统现浇结构，装配式结构部件在前期即经由企业高精度制造，质量受先进制造技术严格把控，加之现场机械化作业减少人为误差，使得产品质量更为可靠，施工环境安全性显著提升，整体施工质量可跃升数倍。此外，装配式建筑的优势还体现在工厂化精装修环节，实现了楼房建造过程中的环保与高效，工地现场几乎无火、无水、无尘、无味，且大幅减少了沙、石子、灰等材料的使用，无须焊割、水泥拌和及纱布搭设，建筑垃圾产生量仅为传统建筑的1%。同时，信息化管理手段的应用，有效规避了管理信息遗漏，降低了安全事故风险，为装配式建筑的安全与质量双提升提供了坚实保障。

四、进度控制优势

传统现浇建筑施工周期长，各结构与主体施工常分步进行，楼层间自下而上依次施工，每层耗时一周乃至更久，且易受多种因素干扰，导致工期延误，为追赶进度，有时不惜牺牲质量，进而增加成本投入。相比之下，装配式建筑通过工厂与现场一体化施工，以吊装拼接为主，减少了现场湿作业，降低了天气影响，支持多层同时施工，实现立体交叉作业，机械化操作显著加快了施工速度，有效缩短工期并保障质量。以日本为例，建造一百间五层房屋，传统方式需二百四十天，而采用装配式施工，结合构件机器制造与现场吊装技术，仅需一百八十天，工期缩短约25%。

第四节　装配式建筑全寿命周期综合效益

一、相关理论概述

（一）全寿命周期理论

全寿命周期理论，这一源自20世纪60年代美国的工程思想，强调从项目设计的源头便融入对企业寿命各阶段关键要素的规划与调整。该理论最初在军事技术领域得到应用，如激光制导导弹等项目，随后迅速拓展至交通运输、国防、能源等多个领域，并催生了众多支持全寿命循环设计的工具软件。其核心在于通过组织整合，将运作过程的信息前移至设计阶段，管理重心从传统的建立阶段转向覆盖全寿命周期的运作阶段，从而全面审视项目管理的机遇与风险，最大化项目管理价值。

全寿命循环模型以其宏观预测与全面研究的特性著称。它横跨从初期规划至最终报废处置的整个生命周期，有效规避了短视决策，确保理论应用的制度化。同时，该模型打破了部门壁垒，将规划、建设、运营等各阶段无缝对接，以企业整体利益最大化为目标，寻求跨阶段的最优解决方案。

在建设项目领域，全寿命周期理论的应用尤为显著。建设项目全寿命周期涵盖了从策划至报废的全过程，具体包括前期策划、设计规划、建设施工、运营使用及报废回收五大阶段，为项目的全生命周期管理提供了系统性框架。

（二）综合效益理论

效益是一个多维度概念，涵盖效用与利益两大层面，它比较的是劳动投入与劳动成果之间的关系，或是活动对国民经济发展的贡献。具体而言，效益不仅指直接可量化的产出收益，也包括间接无形的正面影响，跨越经济、社会、环境及安全等多个领域。经济效益聚焦于商品与劳动交换中的经营成果，其提升促进产品增加、收入增长及资金积累，助力国民经济与社会进步。社会效益则强调有限资源的最大化利用，以满足民众日益增长的物质文化需求，维护社会稳定，推动经济繁荣，提升民众生活质量。环境效益关注项目实施后对环境质量的正面改变，旨在创造更宜居的生活环境。安全效益则是安全水平提升后带来的额外价值，它是其他效益得以稳固的基石。综合效益则是一个综合考量项目在经济、社会、环境、安全等多方面持续稳定发展能力的效益体系，它比较的是项目总成本与全社会从中获得的所有有形及无形效益之和，全面体现了项目的综合价值，包括难以直接量化的环保、社会进步及安全等方面的贡献。

二、装配式建筑全寿命周期的概念及构成

（一）装配式建筑全寿命周期的概念

装配式建筑全寿命周期的概念，涵盖了从项目启动决策至回收拆除的全过程，旨在促进项目各参与方间的信息共享与协同工作。此周期强调整体最优，不仅关注各阶段的独立任务，更强调各阶段间的集成与协同，确保项目整体效能最大化。

其特点显著：一是信息管理与共享为核心，确保各阶段工程参与方高效沟通，减少信息障碍，保障信息传递的准确性与及时性；二是信息集成化管理，跨越物理与信息系统界限，整合结构化和非结构化数据，为项目团队提供统一、高效的工作平台；三是集体参与与协同创造，全寿命周期是各方人员紧密合作、信息创造与交流的连续过程，共同推动项目进展；四是综合效益凸显，全过程中，装配式建筑的经济效益、环境友好、社会贡献及安全保障均得到充分体现，展现了其作为现代化建筑模式的全面优势。

（二）装配式建筑全寿命周期的构成

装配式建筑的全寿命周期，作为一个系统性工程，涵盖了从最初的概念萌芽到最终拆除回收的每一个环节，具体包括决策阶段、设计准备阶段、施工阶段、使用阶段及回收拆除阶段，每一阶段都紧密相扣，共同推动项目向更高效、更环保、更可持续的方向发展。

决策阶段是装配式建筑生命周期的起点，它要求决策者运用先进的分析技术和工具，结合项目特定信息及个人经验，全面评估影响项目目标实现的各种因素。鉴于装配式建筑的多维目标体系——经济效益、社会效益、环境效益与安全效益的有机结合，决策过程尤为复杂且关键。此阶段不仅需细致分析构件设计图与尺寸划分，以确保设计方案的可行性与优化性，还需前瞻性地考虑如何在全生命周期内平衡这些目标，实

现整体效益的最大化。

设计准备阶段紧随决策阶段之后，是对项目正式启动前的全面规划与部署。此阶段的核心任务是将决策阶段的各项目标，特别是成本效益、低碳节能与环保理念，转化为具体的设计图纸和技术方案，为后续施工奠定坚实基础。相较于传统建筑，装配式建筑的设计准备阶段承载了更高的期望与要求，强调全寿命周期效益的最大化、信息的高度集成及与周围环境的和谐共生。尽管该阶段直接费用占比不高，但其对整体造价的深远影响不容忽视，因此，深入分析综合效益，确保设计方案的科学性与前瞻性至关重要。

施工阶段是装配式建筑从图纸走向实体的关键步骤，涵盖了从基础处理到主体结构安装直至项目竣工的全过程。此阶段强调协调、可持续的施工理念，通过精细的施工规划、先进的施工工艺与高效的现场管理，其不仅提升了施工效率，还显著减少了能源消耗与资源浪费。装配式建筑对施工团队的协同能力提出更高要求，要求建设、施工、监理等各方紧密合作，共同推动项目高质量完成。

使用阶段占据了建筑全寿命周期的大部分时间，是装配式建筑价值体现的重要时期。此阶段，装配式建筑凭借其在设计、建造阶段融入的节能环保理念与先进节能技术，有效降低了运营成本，提升了居住或使用的舒适度。尽管维护成本随时间累积可能增加，但长远来看，其节能减排效益显著，为使用者带来了实质性的经济与环境双重回报。

回收拆除阶段作为生命周期的终点，却也是资源循环利用的新起点。装配式建筑在设计与建造时便充分考虑了材料的可回收性与再利用性，因此在拆除过程中能够回收更多高质量材料，减少建筑废弃物，降低对环境的负面影响。这一阶段的成功实施，不仅体现了装配式建筑的全生命周期管理理念，也为建筑行业的可持续发展树立了典范。

三、装配式建筑全寿命周期综合效益的概念

从宏观视角审视，装配式建筑的总体效果是衡量其在多维度上服务于社会、环境、经济及安全领域综合能力的关键指标。它不仅关乎提升民众生活质量，确保身体健康，还深刻影响着生产成本的降低、生活便捷度的增强，以及环境保护责任的践行。这种综合能力，是装配式建筑作为现代建筑技术革新典范的集中展现，体现了其对社会进步的全面贡献。

进一步细化至装配式建筑的全寿命周期效益分析，这一范畴超越了单一施工建设阶段的经济效益考量，而是将视野拓宽至从项目策划到最终回收拆除的全生命周期，全面评估其在经济、社会、环境及安全四个维度的综合影响力。这一评估体系要求深入剖析每个生命周期阶段——从决策初期的战略规划、设计阶段的精心筹备、施工过程中的高效执行，到建筑使用期的持续维护、再利用的灵活探索，直至最终拆除回收的环保处理——中装配式建筑的综合表现。

在此框架下，经济效益分析不再局限于成本控制与收益回报，而是结合市场适应性、产业链协同效率、资源优化配置等多方面因素；社会效益评估则聚焦于提升居住品质、促进就业、增强社区凝聚力等社会福祉；环境效益强调节能减排、材料循环利

用、生态友好型设计等环保实践；安全效益则关乎建筑结构的稳固性、防灾减灾能力及日常使用中的安全保障。

尤为重要的是，全寿命周期效益分析强调跨阶段、跨领域的信息集成与协同，要求将各阶段参与者的知识与经验、各阶段产生的数据与信息进行深度整合，以全面、综合、集成的方式审视装配式建筑的综合效益。这一过程不仅促进了人们对装配式建筑各效益维度的深入理解，也为后续政策制定、技术创新、市场推广提供了坚实的决策支持，有助于更深层次地挖掘并最大化装配式建筑对社会可持续发展的正面影响。

四、装配式建筑全寿命周期综合效益的内容

装配式建筑全寿命周期综合效益的评估框架可精炼地划分为"五阶段、四方面、三层次、两对比、一体系"。具体而言，"五阶段"全面覆盖了从决策启动到回收拆除的装配式结构完整生命周期；"四方面"则聚焦于综合效益的多维考量，包括社会效益、环境效益、经济效益与安全效益四大核心领域；"三层次"通过层次分析法，将总体经济效益的考核指标细化为目标层、准则层与指标层，构建了清晰的评估逻辑体系；"两对比"强调在效益分析过程中，将装配式建筑的综合效益与传统建筑进行对比，以凸显其优势与改进空间；"一体系"则是整合上述所有要素，最终构建出针对装配式建筑的全面、系统的综合绩效评估指标体系，为科学评估与决策提供坚实支撑。

（一）装配式建筑全寿命周期的经济效益

装配式建筑全寿命周期的经济效益展现于多个维度，首先体现在质量优势上。通过采用预制构件，装配式建筑有效规避了传统现浇施工中常见的防水、防渗、保温等质量问题，预制构件在工厂流水线上生产，确保了质量性能的稳定性与一致性，表面美观且功能集成度高，如保温、耐火等特性在设计制造阶段即融入其中，显著降低了差错率。这种高质量不仅延长了建筑构件的耐久性，减少了后期维护成本，还助力实现了建筑结构的百年设计愿景，长远来看，其经济效益极为显著。

其次，工程工期的缩短也是装配式建筑经济效益的一大亮点。由于预制构件大多在工厂完成生产，现场湿作业大幅减少，加之构件的市场化程度提高，这使得施工效率显著提升。同时，统一的产品设计与施工管理流程促进了设计、生产、施工与检测的紧密衔接，信息流通无阻，管理协同高效，加速了建筑业向工业化、产业化转型的步伐，从而在节省人力、缩短工期的同时，也实现了成本的节约，进一步提升了行业整体的效益水平。

最后，从生产成本角度看，装配式建筑同样展现出显著优势。其主体结构材料由厂家直接设计制造并运送至现场安装，减少了运输费用，提高了施工安装效率。在材料使用管理上，先进科技与机械设备的应用显著提升了管理效率，降低了管理成本。此外，环保型建筑材料与新型能源的使用，不仅符合绿色建筑理念，还有效降低了能源消耗，减少了建筑使用过程中的运行成本。这些优势共同作用下，相较于传统现浇建筑，装配式建筑在全寿命周期内的生产成本得到了有效控制，经济效益更为突出。

（二）装配式建筑全寿命周期的环境效益

装配式建筑全寿命周期的环境效益，在环境友好与资源节约两大维度上展现出显著优势。从环境视角审视，传统施工方法因涉及大量现场湿作业，不仅导致水泥、钢筋等原材料的高损耗，还伴随着施工废弃物的堆积与环境污染的加剧，特别是在建筑拆除阶段，大量现浇构件因难以回收利用，进一步加剧了环境负担。相比之下，装配式建筑凭借其高材料使用率与低能源消耗的特性，加之绿色环保建材与先进生产工艺的应用，有效遏制了扬尘污染，大幅减少了施工废弃物，不仅改善了施工现场的工作环境，还显著提升了回收拆除阶段构件的再利用率，普遍可达 70% 以上，为城市环境保护作出了重要贡献。

在水资源节约方面，装配式建筑同样成效显著。建筑业作为水资源消耗大户，其用水量长期占据社会总用水量的很大比例，并呈增长趋势。预制装配式建筑通过工厂化生产预制构件，大幅减少了施工现场湿作业的需求，从而直接降低了施工过程中的用水量。具体而言，该模式将供水重点从施工供水转向预制构件生产阶段的供水及生活饮水管理，通过精确控制预制构件的材料用量、尺寸规格及生产流程，实现了对水资源的高效利用。此外，工厂化的生产环境使得对建筑材料数量、质量的监控更为严密，有效避免了材料浪费，进一步提升了资源利用效率，为建筑行业的可持续发展开辟了新路径。

（三）装配式建筑全寿命周期的社会效益

在社会效益层面，装配式建筑通过革新建筑施工作业模式，显著减轻了工人的劳动强度，响应了现代企业"以人为本"的核心价值观。随着工业化技术水平的提升与作业环境的改善，装配式建筑有效降低了单位工程所需劳动力，并减轻了工人的体力负担。同时，其构件与部品的工厂化生产模式不仅促进了地区与行业内就业机会的增加，还对社会整体福祉的提升产生了积极影响。

更为重要的是，装配式建筑采用机械化施工方式，从构件预制到现场装配，全过程均体现了文明施工的高标准。由于大部分构件在预制工厂完成制作并直接运输至现场，减少了现场加工环节，因此施工现场噪声低、无扬尘、无污水排放，极大降低了对周边居民生活的干扰，充分展现了装配式建筑在促进环境保护、构建和谐社区方面的卓越社会效益。

（四）装配式建筑全寿命周期的安全效益

在装配式建筑的整个生命周期中，安全效益得到了显著提升。施工阶段，构配件的工厂化预制减少了现场复杂作业，不仅简化了施工流程，还有效规避了诸多潜在的质量安全隐患，为工人提供了更加安全的工作环境，保障了其生命安全，从而直接促进了安全效益的提升。进入使用阶段，装配式建筑的优势更为凸显，其构配件遵循统一的标准与规格生产，相较于传统建筑中人为操作可能带来的误差，装配式建筑的差错率大幅降低，建筑物的整体安全性得到了质的飞跃。这种高标准、规范化的生产方式，显著降低了使用过程中安全事故的发生概率，为居住者营造了更加安心的生活环境，进一步巩固了安全效益的基石。

第二章 装配式木结构

第一节 木结构应用范围

我国是最早应用木结构的国家之一，木结构的应用范围除了与其发展历史有关，也与其优势、制约因素、未来的预期有紧密关系。

一、木结构的优势与目前采用范围

木材以其独特的物理特性，在受弯、受压方面表现优异，受拉性能亦佳，唯受剪性能稍逊。在抗震方面，木结构建筑凭借自身轻盈的质量，有效减少了地震能量的吸收，加之其卓越的抗冲击韧性，对瞬时冲击及周期性疲劳荷载展现出强大的抵御能力，有效吸收并消散振动能量。作为可再生资源，木材生长周期短，通过科学管理砍伐，其可持续供应高质量原材料，支持绿色建筑的发展。

木结构建筑的生态环保优势贯穿其全生命周期：生产阶段几乎不产生环境影响，相较于钢筋混凝土材料的生产，避免了能源消耗与环境污染；建设阶段产生的废弃物显著减少；使用阶段，木材的低导热系数与优良的保温隔热性能，显著降低了能源消耗；拆除阶段，木材构件的高回收利用率确保了资源循环，且报废部分亦不会对环境造成负担。

鉴于上述优势，国家正积极推动装配式木结构建筑的发展，特别是在对抗震有特殊要求或追求独特造型的公共建筑领域，以及桥梁、住宅、人文景观建筑等方面，木结构建筑日益受到青睐。技术进步与加工设备的升级，使得现代木结构建筑不再局限于传统的原木简单加工，而是通过金属连接件与深加工技术，如叠合层胶合木料的应用，解决了传统木结构存在的问题，实现了大跨度、多层木结构建筑的建造，展现了木结构建筑在新时代的广阔应用前景。

二、木结构的制约因素

当前，我国木结构设计规范对建筑层数、层高及总高设有严格限制，这主要源于我国对建筑火灾安全及人员伤亡防护的高度重视，导致许多大跨度、高层木结构建筑方案难以通过审批。相比之下，国外发达国家在制定木结构设计规范时，更侧重于保护人员免受火灾、地震等自然灾害的伤害，而对建筑本身的损毁及财产损失相对宽容。

发达国家在推动木结构建筑发展方面展现出全面而深入的努力，不仅在政策扶持、设计规范、施工技术规程等方面构建了完善的体系，还促进了木材产业、构件制造工厂、相关设备研发与制造等上下游产业链的协同发展，形成了高效的理论与实践机制。历史上，木结构因易燃、防腐技术不足及易受白蚁侵蚀等缺点，保存难度较大。而近代以来，我国更倾向于采用砖石和钢筋混凝土结构，导致在木材处理技术、设计施工技术的研究与应用上相较于发达国家存在一定滞后性。

三、木结构的未来预期

2012年3月，第八届国际绿色建筑与建筑节能大会于北京盛大召开，汇聚了全球十多个发达国家的精英力量，包括政府官员、设计大师与施工领域的专家学者，共同就低碳木结构与绿色生态城市的议题展开了深入探讨，这一盛事无疑为木结构建筑的未来发展注入了强劲动力。展望未来，木结构建筑的持续繁荣需聚焦于三大核心议题：

首先，国家政策的引领与支持至关重要。我们应紧抓建筑企业转型升级与绿色低碳发展的时代契机，不仅巩固现有政策基础，更需出台一系列具体、优惠的政策措施，科学引导装配式木结构建筑的快速发展。通过广泛宣传钢 – 木混合结构及纯木结构在节能减排、绿色环保、抗震防灾等方面的卓越表现，激发投资、设计、制造、施工等全链条参与者的积极性，加速构建完善的木结构建筑产业链，推动我国木结构建筑产业步入健康、可持续的发展轨道。

其次，研究与设计创新是推动木结构建筑发展的关键。科研机构、高等学府及加工制造企业需加大研发投入，集中攻克木材在防潮、防腐、增强强度及提升防火性能等方面的技术难题，确保木结构建筑的安全性与耐久性。同时，持续修订和完善木结构建筑设计规范与标准，紧跟国际先进步伐，不断优化我国木结构设计体系。此外，我们应积极探索木结构连接技术的革新，在传统榫卯结构的基础上，引入金属连接件等多元化连接方式，提升结构整体性能。

最后，加工制造环节的现代化升级同样不容忽视。国家应加大对木结构加工制造工厂的投资建设力度，充分发挥装配式建筑工厂化生产的优势，实现木构件及连接件的全天候生产，确保现场施工的快速高效进行，从而提升工程质量，降低人力成本，缩短建设周期。在制造过程中，我们应广泛采用水基性阻燃处理剂等高端材料，通过炭化效应提升木材的防火性能，确保木结构建筑在火灾中的安全性。同时，依托现代化机械设备对木材进行深度加工，定制出符合不同建筑需求、具备优异力学性能的梁、柱、拱、杆、板、墙等部件，打破传统建筑形式的局限，满足现代工业、民用及公共建筑对结构强度、多样性及舒适度的更高要求。

第二节　木结构的结构体系

木结构的结构体系从简单到复杂主要有井干式构架、抬梁式构架、穿斗式构架、梁柱－剪力墙构架、梁柱－支撑构架、CLT 剪力墙构架、核心筒－木构架、网壳构架、张弦构架、拱构架、桁架构架。

一、井干式构架

井干式构架，作为一种独特的建筑技艺，巧妙地运用原木、方木等天然实体木材，通过层层紧密累叠、纵横交错叠垛的方式构建而成。这种结构的核心在于其连接艺术，利用精湛的榫卯工艺与精确切缝技术，使各木材部件间紧密咬合，形成稳固的整体。尽管这一过程中木材的加工量颇为可观，但由于结构本身的特性，木材的实际使用率并未达到最大化，这在一定程度上体现了对自然资源的尊重与合理利用的思考。井干式结构多见于森林资源相对丰饶的地域，如中国东北，那里茂密的森林为这种建筑形式提供了得天独厚的条件。

井干式木构住房，作为这一技艺的集大成者，展现了一种极致的简约与和谐之美。它摒弃了传统建筑中常见的柱子和大梁，转而采用圆木、矩形或六角形木材，平行且逐层向上累置，犹如精巧堆砌的积木。在房屋的四角，木材的端部以复杂的交叉咬合方式相互连接，不仅稳固了结构，还赋予了建筑独特的外观，形似古代井边的大型木栅栏，古朴而富有韵味。更为精妙的是，部分设计会在上下两层壁面间设立矮柱以承托脊檩，这进一步增强了房屋的承重能力与稳定性，形成了既实用又美观的居住空间。这种住房构造不仅体现了人类与自然环境的和谐共生，也展现了古代匠人卓越的智慧与高超的技艺。

二、抬梁式构架

抬梁式构架，作为中国传统木结构建筑中的经典承重体系，精妙地融合了柱、梁、椽、檩等多种构件，通过精湛的榫卯工艺紧密相连，不仅构建了稳固的结构框架，还赋予了建筑应对自然力量时必要的柔韧性，使其能够在承受较大荷载的同时，通过榫卯节点的微妙变形有效分散应力。

其构建原理深刻体现了古代匠人的智慧：首先，在地基坚实稳固的基础上，树立起一排排精心设计的柱子，这些柱子如同建筑的脊梁，承载着上方所有的重量。其次，于柱顶巧妙安置横向的枋材，它们虽不直接承重，却如同纽带般强化了柱子间的联系，使得整个结构更加浑然一体，稳固如山。

再次，工匠们开始在横梁之上逐层叠加矮柱，这些被形象地称为"瓜柱"的构件，仿佛是树木生长中自然延伸的枝丫，它们与横梁相互依托，层层递进，形成了一种独特的层级结构。每一层瓜柱之上，又复以承托梁，如此循环往复，直至达到设计所需的高度，最终在最顶层的梁上矗立起一根挺拔的脊瓜柱，它不仅是整个构架的顶点，也是形成坡屋顶优雅轮廓的关键所在。

在完成了这一壮观的骨架搭建后，工匠开始在每一层梁的两端精确放置檩条，这些檩条如同桥梁般横跨于梁间，为后续的屋顶铺设提供了坚实的支撑。紧接着，椽子被牢牢钉固于檩条之上，它们细密而有序地排列，为覆盖屋顶的望板和瓦片打下了坚实的基础。最后，望板铺设完毕，层层瓦片覆盖其上，不仅遮风挡雨，更赋予了建筑以古朴典雅的韵味。整个抬梁式构架的建造过程，不仅是技术与艺术的完美结合，更是对自然法则与人类智慧的深刻致敬。

三、穿斗式构架

穿斗式构架，作为中国传统建筑技艺的瑰宝，其独特之处在于立柱直接承载檩条重量，省去了横梁的设置，实现了结构上的精简与高效。在进深方向上，檩木的数量直接决定了立柱的布局，每根立柱上稳稳安放一根檩木，随后椽条以正交方式铺设于檩木之上，其上覆盖瓦片或现代防水材料，形成严密的屋面系统。这一精巧设计确保了屋面荷载经由椽条、檩木，最终传递至立柱顶端，再分散至坚实的基础之中。横向穿枋如同纽带，将每一排柱子紧密串联，构成独立的构架单元；而在纵向，斗枋与钎子则分别扮演着连接檐柱与内柱的重要角色，编织出房屋稳固的空间骨架。

穿斗式木构架的演变历程见证了古人对空间利用与结构优化的不懈追求。最初，每檩下一柱的简单形态奠定了基础，随后，随着建筑规模的扩大，出现了"三檩三柱一穿""五檩五柱二穿"乃至"十一檩十一柱五穿"的复杂形态，立柱与穿的层数相应增加，以适应更广阔的空间需求。然而，过于密集的立柱限制了房屋内部空间的使用，于是人们创新性地调整斗架布局，改为隔柱落地，使得部分立柱骑跨于穿枋之上，既减轻了地面的压力，又增加了结构的灵活性。此时，穿枋的角色亦悄然转变，它穿越檐柱后演化成挑枋，承担起挑檐的重任，部分地具备了挑梁的功能，展现了结构的多样性与适应性。

穿斗式构架的另一大优势在于其材料经济性与施工便捷性。小型材料的使用减少了原料消耗，而先预制整榀屋架再竖立的施工方法，不仅提高了施工效率，还降低了成本。密集的立柱排列也为护墙板与夹泥墙的设置提供了便利，增强了建筑的保温隔热性能。在长江中下游地区，众多明清时期的传统民宅至今仍保留着穿斗式构架的痕迹，它们见证了这一古老技艺的生命力。尤为值得一提的是，一些大型建筑巧妙地融合了穿斗式与抬梁式构架，山墙部分采用穿斗式以利用其灵活性与经济性，而中部则采用抬梁式以扩大空间，两者相辅相成，共同构建了既实用又美观的居住空间，展现了古代匠人卓越的建筑智慧与创造力。

四、梁柱－剪力墙构架

在探索木结构建筑的创新之路上，一种融合了抬梁式或穿斗式传统构架精髓与现代胶合木框架技术的混合式框剪木结构应运而生。这种结构体系巧妙地将多榀传统构架替换为高强度的胶合木框架，并在其中巧妙嵌入木剪力墙，不仅保留了空间布局的灵活性，还显著增强了结构的抗侧向力及抗侧向位移能力，使其特别适用于构建多层乃至高层建筑。尽管此类结构体系在国内外建筑项目中已初见端倪，但其抗侧向力性能的研究仍处于初级阶段，尚未形成全面深入的理解。

面对这一挑战，实际工程设计中往往采取较为保守的策略以确保安全。第一种设计方案倾向于将胶合木框架视为铰接体系，即假定其不直接参与水平侧向力的承载，而将全部抵抗水平荷载的重任交由木剪力墙承担。这种简化处理虽忽略了框架与剪力墙之间的相互作用，但在一定程度上保证了结构在极端条件下的稳定性。另一种设计方案则反其道而行之，假设木框架是抵抗水平侧向力的主体，而木剪力墙仅作为非承重填充墙存在，不直接分担水平荷载。尽管这两种方法都未能精确模拟整体结构的真实受力机制，但它们通过牺牲一定的经济性来换取更高的安全冗余，确保了结构在设计和使用过程中的绝对安全。

未来，随着人们对框剪木结构体系研究的深入，特别是对其复杂受力机制的解析，我们有理由相信能够发展出更加精准、高效的设计方法，既能充分发挥这种混合结构体系的优势，又能有效控制成本，推动木结构建筑在高层及超高层领域的应用与发展。

五、梁柱 – 支撑构架

基于抬梁式或穿斗式构架的坚实基础，通过巧妙地在多榀构架间增设木支撑，我们构建出一种创新的梁柱 – 支撑构架体系。这一设计旨在进一步强化结构的耗能能力与抗震性能，确保建筑在遭遇地震等自然灾害时能够保持稳定。梁柱 – 支撑构架不仅保留了原有构架在空间布局上的灵活性，还显著提升了其抵抗侧向位移的能力，为多层乃至高层木结构建筑提供了更为安全可靠的结构解决方案。这种综合性的设计思路，不仅体现了人们对传统建筑智慧的传承，更展现了现代建筑科技对结构安全与性能优化的不懈追求。

六、CLT 剪力墙构架

正交胶合木（CLT）是一种创新的木材工程技术，它代表着木材加工领域的一次重大飞跃。通过精密的机械设备和先进的窑干技术，CLT 首先将原木中的多余水分精心去除，随后精确切割成规格化的木方。这些木方并非简单堆砌，而是依据严格的设计图纸，层层正交叠放，利用高强度建筑级黏合剂将木方牢固胶合，形成一块块结构紧凑、性能卓越的板材。这一过程不仅赋予了 CLT 与混凝土材料相媲美的抗压强度，更使其抗拉性能远超传统混凝土，展现了木材在现代建筑中的全新生命力。

CLT 木质墙体，作为 CLT 技术应用的典范，凭借其出色的竖向与水平荷载承载能力，成了抗震设计中的优选材料。其高强度特性确保了结构的安全稳固，而绿色环保的生产过程与材料本身的可再生性，则完美契合了当代社会对可持续发展的追求。尤为值得一提的是，CLT 木质墙体还展现出优异的防火性能，为木结构建筑的安全性提供了又一重保障。因此，CLT 技术被广泛应用于多高层木结构建筑的建造中，开启了木结构建筑新纪元。

在 CLT 木质墙体的生产过程中，工厂流水线的精准作业确保了每件产品的标准化与高质量。构件在出厂前便已预设好安装孔位，这不仅简化了现场施工的复杂度，也提高了安装效率。到达施工现场后，各 CLT 木构件通过螺栓、销轴、螺母等高强度连接件轻松实现固定，这些连接方式不仅稳固可靠，还进一步增强了节点处的强度，使得整个木结构体系更加浑然一体，能够承受各种复杂荷载的挑战。随着 CLT 技术自 2000 年左右在欧洲的德国、瑞士和奥地利等地兴起，并迅速在全球范围内推广，包括我国在内的众多国家也开始积极采纳这一先进技术，推动木结构建筑行业的蓬勃发展。

七、核心筒－木构架

核心筒－木构架体系是一种创新性的建筑结构设计，它是巧妙地融合了 CLT 木质墙体构成的核心筒与外围的木梁柱框架结构。在此体系中，CLT 木质墙体构建的核心筒作为核心支撑结构，负责抵御主要的侧向力和水平位移，展现出卓越的稳定性与抗风抗震能力。而外围的木梁柱框架结构则专注于承担建筑的竖向荷载，确保了结构的整体承重性能。这种分工明确的结构设计，不仅优化了材料的使用效率，还极大地提升了建筑的安全性与耐久性，特别适用于追求高度与环保并重的多高层木结构建筑项目。

加拿大温哥华市在绿色建筑领域的探索中迈出了重要一步，于 2017 年 5 月成功建成了高达 53 米、拥有 18 层的木结构学生公寓大楼，这一壮举在全球范围内引起了广泛关注。该项目的建设效率令人瞩目，从预制构件的精准运输到现场的高效施工，主体结构的搭建仅耗时 70 天，充分展示了现代化木结构建筑技术的快速与高效。尤为值得一提的是，该建筑在结构设计上别具匠心，首层采用了混凝土核心筒－框架结构，这一设计不仅有效解决了防潮问题，还显著增强了底层的结构强度，为上层木结构提供了坚实的基础。而自第二层起至顶层的 17 层，则全面采用了 CLT 木核心筒与木框架的完美组合，既保留了木材的天然美感与环保特性，又确保了建筑的稳固与安全。此外，外墙面覆盖的木纤维挂板，不仅为建筑增添了温馨舒适的视觉感受，还进一步提升了建筑的保温隔热性能，展现了人与自然和谐共生的设计理念。

八、网壳构架

网壳构架，作为一种独特的空间杆系构造，通过精心排列的杆件形成类似壳体的三维网格布局，展现出卓越的大跨度支撑能力，尤其适用于 50 至 200 米跨度的公共建筑领域。日本大馆市的树海体育馆便是木结构网壳建筑的杰出代表，该建筑以其宏大的规模与精湛的工艺闻名遐迩。体育馆内部规划为两层，屋顶高耸达 52 米，檐口则优雅地悬挑于 7.8 米的高度之上，其平面布局在短轴方向上延伸 157 米，长轴方向更是扩展至 178 米。

体育馆的屋面采用了胶合杉木作为网壳构件的主要材料，这些构件在檐口处巧妙地与钢筋混凝土杆件相接，构建起一个高效的荷载传递系统，确保竖向与水平荷载得以平稳分散至基础结构。设计上，屋面网壳在长轴方向上精心布置了两层木杆件，而在短轴方向则设置了一层，形成错落有致的层次结构。尤为值得一提的是，长轴与短轴方向的杆件布局大致正交，且短轴杆件巧妙地穿插于上下两层长轴杆件之间，进一步增强了结构的整体稳定性。此外，为了显著提升各层杆件间的抗侧移能力，设计者在上下层长轴杆件间创新性地引入了交叉钢拉杆，这一举措极大地强化了网壳结构的侧向稳定性，使得树海体育馆成为展现木结构网壳建筑艺术与技术完美融合的经典之作。

九、张弦构架

张弦构架，作为一种创新的混合型柔性建筑结构体系，巧妙融合了拱梁、桁架与拉杆等多种元素，共同构筑出自平衡的空间架构。这种设计特别注重结构的稳定性与抗风性能，因此，在屋面系统及下部结构中广泛采用拉结构造，有效防止大风天气下屋面的上浮现象。张弦构架通常适用于跨度较大的建筑和桥梁工程，其跨度范围广泛，介于30至70米。在具体实现上，张弦梁与张弦拱的构造形式多样，包括但不限于：将三角形木桁架与钢拉杆结合，创造出张弦木桁架系统；利用大木梁搭配钢拉杆，构建张弦木梁系统；以及由两根木梁形成人字形拱梁，底部辅以钢桁架与钢拉杆，形成稳固的张弦人字木拱系统。这些多样化的构造方式不仅丰富了张弦构架的应用场景，也展现了其在大型空间结构设计中的独特优势。

十、拱构架

拱构架的形态多样，既有优雅的曲线形，也不乏简洁的折线形，其核心设计原理在于通过轴向压力的集中承受来有效抵御拱体的弯曲变形。鉴于木材天然优越的抗压特性，木结构拱的跨度被巧妙地设定在20至100米，这既保证了结构的稳定性，又展现了木材在大跨度建筑中的应用潜力。然而，拱构架在两端支座（拱脚）处产生的显著水平推力，成为设计中不可忽视的挑战，这要求必须构建坚实的抗推力基座以安全承载。

针对水平推力的处理，策略多样：其一，通过拉杆系统巧妙分散并吸收这些推力；其二，利用地基基础的强大承载力直接承担；其三，则是将水平推力转移至侧面框架结构，实现力的均衡分布。

具体实践中，拱构架的铰接方式亦丰富多变：一铰拱，在拱顶巧妙设置一铰，如菲律宾宿务国际机场那波浪起伏、由多个一铰拱相连而成的木结构航站楼，便是这一设计的生动诠释；二铰拱，于拱的两端各置一铰，加拿大的冬奥会速滑馆便是采用此设计，其横向大跨度木拱梁两端即为铰支座，彰显力量与美学的结合；三铰拱，则在拱两端与拱顶均设置铰接点，如美国西雅图市某廊道的设计，横向弧形木梁顶部及拱脚处均采用铰结点，形成稳固的大拱圈结构，并通过纵向系杆连接各拱圈，极大增强了整体结构的受力性能与稳定性。

十一、桁架构架

木桁架，这一由精心挑选的木杆件精心编织而成的结构体系，因其独特的材质与结构优势，在各类建筑项目中扮演着举足轻重的角色。从巍峨耸立的塔楼到轻盈跨越的桥架，再到遮蔽风雨的屋架，木桁架以其卓越的承载能力和美学表现力，成为设计师们偏爱的选择。

在屋顶结构设计中，木屋架的应用尤为广泛且深受欢迎，特别是在商场、学校、住宅等公共与民用建筑领域。它们不仅承载着遮风挡雨的基本功能，还以其独特的外形设计，为建筑增添了一抹自然与和谐的气息。木屋架的外形设计丰富多彩，三角形屋架以其简洁稳固著称，豪威式与芬克式更是其中的经典之作，以其科学的受力分析与优雅的线条赢得了广泛的认可。梯形屋架，尤其是双斜弦桁架，以其独特的几何美感与良好的空间利用效率，成为特定场景下的优选方案。平行弦屋架则以其均衡对称的结构特点，展现出一种稳重而不失灵动的美感。此外，多边形屋架，特别是斜折线桁架，以其复杂多变的形态，为追求独特建筑风格的设计师提供了无限可能。

木桁架以其多样化的形式与广泛的应用领域，展现了木材作为建筑材料在现代建筑中的独特魅力与无限潜力。无论是从结构性能还是美学价值出发，木桁架都是建筑设计中不可或缺的重要元素。

第三节　木结构基本施工方法

木结构的基本施工方法主要有木结构基础施工方法、木结构上部施工方法、木结构节点连接方法等。

一、木结构基础施工方法

木结构的基础设计主要分为两大类：无地下室基础与有地下室基础。在无地下室基础类别中，我们可进一步细化为两种形式：一是广泛采用的整体浇筑底板基础，它直接在地面上形成稳固的承载面；二是较少见的预制底板基础，其预制构件在现场组装，虽灵活但应用不广泛。至于有地下室基础，则依据地面格栅的位置分为两种布局：一种是地面格栅被巧妙地置于基础顶面之上，留出地下室空间；另一种是地面格栅与基础顶面保持平齐，既保持了地下空间的完整性，也确保了结构的美观与实用。

针对木柱与基础之间的连接，存在多种精心设计的方法，这些方法的共同目标在于确保木柱与基础之间的稳固联结，有效抵御水平位移，保障上部结构与基础之间的精准对位，从而协调整体建筑的平面布局，实现结构安全与美观的统一。

二、木结构上部施工方法

（一）材料选用

在木结构施工筹备阶段，确保所构建木结构房屋兼具实用性与功能性，首要且关键的一环是对木材品种与性能的深入探究与分析，并据此精心策划选材方案。这一过程不仅是保障原材料质量的基础，更是对木结构整体品质的前瞻性把控。选材时，我们需秉持全面而细致的标准，不仅外观要规整，更需关注木材的内在品质，如未烘干与气干密度、对白蚁侵袭的抵抗力、防潮性能及耐候性等关键指标。理想之选应集树干笔直、圆度均匀、表面光滑无结疤、无霉变迹象、色泽一致、无细微裂缝、质地坚硬且干燥处理得当等优点于一身，这样的木材原料将为木结构的稳固性与耐久性奠定坚实基础。

（二）木材原料的验收与保管

木材原料的入场流程严格遵循既定的质量标准和要求，每一批次均须附带正规的材料合格证及详尽的材质检验报告，以确保其品质达标。我们依据《建筑材料质量标准与管理规程》，实施全面的质量抽检机制，特别是针对关键构件或非匀质材料，将采取更为严格的抽样比例，以保障检测结果的全面性与准确性。验收与抽检双重把关确认合格后，木材原料将依据施工场地的平面布局图进行科学堆放，力求整齐有序，同时配备完善的防日晒雨淋仓储设施，有效抵御自然环境因素（如雨水侵蚀、阳光暴晒）可能导致的木材弯曲、变形问题。此外，仓储管理环节亦不容忽视，我们需建立健全的材料收发管理制度，确保物料管理的规范性与高效性。

（三）原材料及构件加工

在原材料及构件的加工准备阶段，我们需紧密依据设计要求，以具体栋号为单位，详尽列出各类构件所需材料的种类清单，明确数量与规格要求，确保料单精准无误。针对已顺利通过进场验收的合格材料，我们随即按照施工图纸精细进行锯材加工，确保每一道工序都严格符合设计标准。对于结构中的复杂构件及关键节点部位，我们更需采取特别措施，通过放大比例绘制足尺大样图，先行制作样板进行验证，确认无误后再批量加工，以此保障构件加工的精确性与整体结构的可靠性。

1. 柱类构件加工

柱类构件的精细制作流程融合了传统工艺与现代技术的精髓。首先，人工在柱料两端直径面上精准定位中点，悬挂垂直线，并利用方尺绘制出十字中线作为基准。其次，对于圆柱，依据十字中线绘制八卦线，并依据柱高的7%至10%进行柱头收分，接着顺柱身弹出直线，循此线逐步将柱料从八方砍刨至十六方，直至最终成型为圆形并精细刮光。方柱的制作则依据十字中线放出柱身线，柱头收分适度减少，四面去荒刮平后，四角雕琢梅花线角，线角深度依据柱子外观尺寸的特定比例确定，随后圆楞并净光柱身。

在制作过程中，柱身中线需精确弹画，并遵循优面朝外的原则选定各柱位置，同时在柱内侧特定高度标记位置号。依据丈杆、柱位及方向，精确绘制榫卯位置与柱脖、柱脚及盘头线，随后依据所画尺寸，人工精细剔凿卯眼，锯切卯口与榫头。特别地，穿插枋卯口设计为"大进小出"结构，确保结构稳固。整个制作流程中，我们需频繁使用样板进行校核，确保每一步加工都精准无误。

2. 梁类构件加工

梁类构件的制作过程融合了传统工艺与现代技术，首先通过人工初步锯割出榫头，随后利用计算机数控机床进行精细二次加工，以确保构件的精准度。具体制作流程如下：

划线定位：在梁的两端精确画出迎头立线（中线），并据此延伸出平水线（对应檩底皮线）、抬头线、熊背线及梁底线和两肋线（界定梁的宽度）。接着，我们将这些线条复制到梁身的各个表面，作为后续加工的基础。

初步成型：依据线条，对梁身进行初步去荒和刮平处理。使用分丈杆标记梁头外端线及各步架中线，并用方尺精确绘制到梁的各个面上，确保尺寸无误。

细节雕刻：详细绘制出各部位所需的榫卯结构、海眼、瓜柱眼、檩碗、鼻子及垫板口子等线条，随后进行精细开凿，如凿制海眼及其八字楞、瓜柱眼（单眼或双眼依需而定）、檩碗与垫板口子，并刨光梁身，截取梁头至预定尺寸。加工完成后，重新复核并标记中线、平水线等关键线条，同时在梁背注明构件的具体位置及名称。

老角梁与仔角梁制作：针对特殊构件如老角梁，先在上下表面弹出顺身中线，并精确标注各搭交檩的关键位置线（老中、里由中、外由中）。随后，利用斜檩碗样板绘制并锯挖檩碗，凿制暗销眼，钻孔以备安装，并精细加工角梁的头尾部分。仔角梁则依据样板制作，同样进行钻孔、锯挖檩碗等操作，并在指定位置剔凿翼角椽槽，最后复核所有线条并标记位置号，以确保构件的精确性与可追溯性。

此流程中提及的"老角梁""仔角梁""外由中""老中""里由中"等专业术语，均指梁类构件中特定的部位或结构元素。

3. 数控机床木构件榫头、卯口精加工

完成丈杆、柱位及方向的精确标定后，我们随即在柱身上绘制出榫卯位置、柱脖、柱脚及盘头线等关键线条。紧接着，依据这些线条所指示的尺寸，工匠们开始细致剔凿卯眼、锯切口子与榫头等关键部位，手工雕琢出构件的初步形态。然而，为确保构件的卯口与榫头能够达到行业标准的极高精度要求，这些人工初步成型的构件还需进一步送入计算机数控加工设备进行二次精细加工。通过数控技术的辅助，我们实现对卯口与榫头的精确修正与打磨，从而保障每一个构件都能完美契合，满足建筑结构的严谨需求。

4. 构件榫头、卯口防腐处理

在加工各类柱类与梁类构件时，对于榫头卯口等关键连接部位，我们必须实施严格的防压与防腐处理。我们采用国内领先的防腐技术和高品质防腐剂，确保木构件免受侵蚀，延长使用寿命。处理完毕后，所有木构件均需按照类别整齐排列存放，严禁随意堆放以免造成榫头等部位的损坏。同时，为保持木质的自然干燥与稳定，这些构件将在适宜的自然条件下进行风干处理。

（四）汇榫（试组装）

汇榫环节，亦称试组装，是木构件制作流程中至关重要的一步。在加工厂内，工匠们根据设计图纸，将已完成的构件逐一有序地组合起来，进行模拟安装。这一过程中，他们将精心制作的榫头精准地嵌入对应的卯眼中，通过一系列严谨的检验步骤——套对中线尺寸、校准衬头、再次套合中线、细致观察构件的翘曲面及精确测量两构件间的垂直度等，来综合评估榫卯连接的紧密程度与适配性。基于这些细致入微的检查，工匠们会对榫卯进行必要的修整，以确保榫卯之间的松紧度恰到好处，使对应的构件能够紧密结合，既稳固又灵活，为后续现场安装奠定坚实的基础。

（五）木结构构件安装

在大木构架正式安装之前，我们必须确保所有木构件已加工完毕，且基础工程圆满竣工并通过验收。同时，脚手架材料及安装人员需准备就绪，大木构架的具体安装方案需已制定并经审核无误。此外，所有用于吊装的机具、绳索及吊钩均须经过严格检查，确保符合安全标准。

大木构架构件的安装流程严谨有序，首先进行脚手架的搭设，依据安装方案精准

搭建并通过验收，同时设置必要的安全防护措施，确保高空作业人员的安全，随后进入屋架主梁的试吊阶段，通过试吊验证吊点设置的合理性及绳扣的牢固性，为后续安装打下坚实基础。

正式安装时，我们遵循以下关键步骤：木屋架优先在地面进行拼装，必要时采取连续作业方式，从明间开始吊装柱子并设置临时撑杆，逐步扩展至次间与稍间，安装过程中穿插柱头枋与穿插枋，暂停时需增设临时支撑以保稳定。屋架定位后，迅速安装脊檩、拉杆或临时支撑以巩固结构。随着下架立齐，进行尺寸复核，实施"草拨"操作并掩上"卡口"以固定节点，随后依次安装迎门撑、龙门撑、野撑及柱间横纵向拉杆，遵循自下而上的顺序，逐步完成梁、板、枋、瓜柱等所有构件的安装。安装过程中我们需频繁校验尺寸，确保各部位对中准确、高低一致，同时加固撑杆、堵塞涨眼并紧固檩间拉杆。最后，在立架完成后，我们于野撑根部安装撞板与木楔，并做好标记，便于后续监测下脚稳定性。

三、木结构节点连接方法

木结构建筑中的节点连接技术多样且精妙，每一种方法都承载着独特的工程智慧与美学价值。首先，榫卯连接作为传统木构建筑的精髓，其核心在于凹凸相济的巧妙设计：一方构件末端精心雕琢成凸出的榫头，而另一方则相应开凿出凹进的卯口，两者严丝合缝，无须任何金属固件，仅凭木材自身的韧性与摩擦力即可实现结构的稳固连接，这不仅确保了建筑的长久寿命，更彰显了匠人的精湛技艺。

其次，齿连接作为一种创新的连接方式，特别适用于斜向受压构件与水平构件之间的紧密咬合。通过将受压构件的端头制作成尖锐的齿榫，精准嵌入水平构件预设的被切齿槽内，形成单齿或双齿的牢固连接，这种设计有效增强了结构在特定受力方向上的稳定性。

再次，螺栓连接与钉连接则代表了现代木结构技术对传统工艺的融合与创新。这两种方式通过金属固件——螺栓或钉子的介入，直接限制了木构件之间的相对位移，同时，固件与木材孔壁之间的相互作用力进一步增强了连接的紧密性，使得结构在承受复杂荷载时更加安全可靠。

最后，齿板连接以其便捷性与高效性在现代木结构施工中占有一席之地。该方法无须在杆件连接前预先挖掘槽口，而是利用专用机具直接将齿板压入待连接构件中，实现快速而紧密的连接。尽管齿板连接在承载能力上相对有限，更适用于荷载较小的结构，但其施工简便、成本效益高的特点仍使其在某些特定场景下成为理想选择。

第三章　装配式钢结构

第一节　钢结构的结构体系

钢结构，作为现代建筑领域的重要成员，其核心在于利用钢材或钢板精心构造基本构件，并通过焊接、螺栓连接等高效手段，依据特定的设计需求与力学原理，将这些构件有序组合成能够稳健承受并有效传递各类荷载的复杂结构体系。这一结构形式不仅展现了钢材优越的力学性能，还因其工厂预制、现场装配的施工特性，完美契合了当前国家力推的装配式建筑发展理念。

钢结构建筑的结构体系丰富多样，依据其独特的受力特点我们可将其细分为几大类别：桁架结构，以其轻盈的体态和高效的传力路径，广泛应用于大跨度空间；排架结构，则以其简洁的构造逻辑，支撑起工业厂房等重型建筑的脊梁；刚架结构，通过刚性的连接与组合，赋予了建筑稳固的支撑；网架结构，以其复杂的网格布局，实现了力与美的和谐统一，常见于体育馆等公共建筑；而多高层结构，则代表了钢结构技术在高层建筑领域的深入探索与应用，展现了钢结构建筑向更高、更强发展的无限可能。

一、桁架结构

桁架作为一种格构化的梁式结构，其核心特征在于杆件间通过铰接方式连接，形成稳定的结构体系。它主要由上弦杆、下弦杆及腹杆三大组成部分构成，这些杆件在受力时主要承受单向的拉力和压力。通过精心设计的上下弦杆与腹杆布局，桁架能够灵活适应并有效传递结构内部的弯矩与剪力，确保整体结构的稳固性。桁架结构依据其空间形态可分为平面桁架与空间桁架两大类，其中平面桁架根据外观形态进一步细分为三角形桁架、平行弦桁架及折弦桁架等类型，这些平面桁架在房屋建筑中常被用作屋盖承重结构，俗称为屋架，为建筑提供可靠的支撑与保护。

二、排架结构

排架结构是指由梁（或桁架）与柱铰接、柱与基础刚接的结构形式，一般采用钢筋混凝土柱，多用于工业厂房。

三、刚架结构

门式刚架结构，以其独特的刚结点连接方式著称，成为钢架家族中的典范之作。此类结构依据跨数的不同，可灵活划分为单跨、双跨乃至多跨布局，更可附加挑檐或毗连小屋，以满足多样化的建筑设计需求。在屋面起坡方面，门式刚架同样展现出高度适应性，从简洁的单脊单坡到复杂的单脊多坡乃至多脊多坡设计，无一不彰显其设计的精妙与实用。尤为值得一提的是，门式刚架结构以其开阔的开间与灵活的柱网布置，为工业厂房、仓储设施及体育馆等公共建筑的建造提供了理想框架，这不仅提升了空间利用效率，也促进了建筑功能的多样化与个性化表达。

四、网架结构

网架结构是一种高效的空间结构形式，由众多杆件依据特定网格布局，通过节点紧密联结而成。其显著优势在于钢材使用量经济、空间刚度卓越、整体结构稳固，同时便于标准化生产与现场灵活拆装，因此在大跨度公共建筑如车站、机场、体育场馆及影剧院等领域得到广泛应用。依据构造特征，网架结构可细分为单层、双层及三层三种类型，其中双层网架最为常见，而单层网架多用于小跨度场景（跨度不超过 30米），三层网架则专为超大跨度设计（跨度超过 100米），尽管这两者在国内工程实践中应用相对较少。另一种流行的分类方法则是基于组成方式，将网架划分为交叉桁架体系、三角锥体系、四角锥体系及六角锥体系四大类，每种体系均展现了网架结构适应不同设计需求与空间条件的灵活性与多样性。

五、多高层结构

（一）框架结构

框架结构作为现代建筑的重要承重体系，其核心由梁与柱共同构建，两者协同工作以有效承载竖向及侧向荷载。这一体系依据构造特点，大致可划分为三大基本类型：柱 - 支撑体系、纯框架体系及框架 - 支撑体系。其中，框架 - 支撑体系凭借其卓越的性能在实际工程项目中广受欢迎。该体系巧妙融合了横向纯钢框架与纵向柱间支撑的优势，横向采用纯钢框架设计，确保了结构的开放性与灵活性，便于空间布局以适配生产、人流、物流等多种功能需求；而纵向则精心布置适量的竖向柱间支撑，以此显著增强结构的纵向刚度，有效减少钢材使用量，实现了结构效能与经济效益的双重优化。

（二）框架剪力墙结构

框架剪力墙结构是在框架结构的基础上加入剪力墙以抵抗侧向力。剪力墙一般为钢筋混凝土或采用钢筋混凝土组合结构。框架剪力墙结构比框架结构具有更好的抗侧刚度，适用于高层建筑。

（三）框筒结构

框筒结构作为高层建筑领域广泛采用的一种先进结构体系，其独特设计融合了钢筋混凝土核心筒与外围钢框架的优势。核心筒部分，通常由四片或更多钢筋混凝土墙体紧密排列，形成坚固的方形、矩形乃至多边形筒体结构，内部巧妙布局纵横向钢筋混凝土隔墙以增强整体刚度。对于超高层建筑，核心筒内还会嵌入型钢骨架，以进一步提升其承载能力。而外圈则由钢柱与钢梁通过刚接方式构建成钢框架，与核心筒协同工作。在此结构中，核心筒扮演了抵御建筑侧向变形的主力军角色，而外圈钢框架则提供了必要的辅助支撑与空间延展性。框筒结构以其卓越的稳定性和适应性，成了现代高层建筑结构设计中的优选方案。

（四）新型装配式钢结构体系

在国家对装配式建筑发展的坚定扶持下，多方力量汇聚一堂，包括企业界、科研院所及高等教育机构，共同投身于新型装配式钢结构体系的探索与实践之中。这一领域的研究与应用成果丰硕，涵盖了多种创新体系，如装配式钢管混凝土结构体系，其将钢管与混凝土的优势巧妙结合；结构模块化新型建筑体系，进一步细分为构件模块化可建模式与模块化结构模式，旨在提升建造效率与灵活性；钢管混凝土组合异形柱框架支撑体系，则通过异形柱的设计增强了结构的整体性能；整体式空间钢网格盒子结构体系，以其独特的空间布局优化了结构承载与空间利用；此外，钢管束组合剪力墙结构体系与箱形钢板剪力墙结构体系，也在提升建筑抗侧刚度与稳定性方面展现了显著成效。这些新兴体系的研究与应用，不仅推动了装配式钢结构技术的革新，也为建筑行业的可持续发展注入了强大动力。

第二节　钢结构应用范围

钢结构和其他结构类型比较，具备硬度高，自重轻、弹性好、塑性好，抗震性能优异，易于制造加工、建造快捷等优势，因此在建筑中使用很普遍。

一、大跨度结构

随着结构跨度的不断增大，自重作为荷载的重要组成部分，其占比也相应提升，因此，减轻结构自重成为提升整体效益的关键策略之一。在这一背景下，钢结构以其轻质高强的特性脱颖而出，成为大跨度建筑领域的理想选择，如壮丽的体育场馆、繁忙的会展中心、宽敞的候车大厅及宏伟的机场航站楼等，均见证了钢结构技术的辉煌应用。钢结构体系中的基本构件形态多样，包括但不限于空间纵桁、精巧的网架与网壳结构、创新的悬索系统（含斜拉体系）、张弦梁这一融合美学与力学的杰作，以及实腹或格构式拱架与框架，这些构件形式的灵活运用，共同构筑了钢结构建筑的艺术与功能兼备的独特魅力。

二、工业厂房

对于承担重型吊车作业或工作负荷繁重的车间，钢结构因其出色的承载能力和结构稳定性，常被选作主要承重骨架。同样，在面临强烈辐射热源环境的厂房设计中，钢结构也因其良好的耐热性能成为优选。在这些场景下，常见的结构形式包括采用钢屋架与阶形梁组合而成的单门式刚架或排架体系，这些结构能够有效分散荷载并抵御高温影响。此外，为满足特定设计需求，部分厂房还会采用网架作为屋盖构造，以进一步增强空间刚度和实现建筑设计的灵活性。

三、多层、高层及超高层建筑

鉴于钢结构在综合经济效益方面的显著优势，近年来它在多层乃至高层民用建筑领域的应用日益广泛，成为推动建筑行业发展的重要力量。钢结构在这些建筑中的构造形式丰富多样，包括但不限于多层构架体系，该体系通过合理的层次布局实现了空间的有效利用；框架 - 支承构件体系，则通过增设支承构件显著增强了结构的整体稳定性；框筒构件体系，凭借其独特的筒状结构形式，为高层建筑提供了卓越的抗侧刚度；而巨型构架体系，更是以宏大的尺度与复杂的构造，展现了钢结构在超大型建筑中的非凡实力。这些构造形式的广泛应用，不仅丰富了钢结构建筑的表现形式，也进一步提升了建筑的安全性与经济性。

四、高耸结构

高耸结构以其独特的形态与功能，广泛涵盖塔架与桅杆两大类构造形式。这类结构常见于高压输电线路的支撑塔、电台及通信、广播电视发射设施所采用的塔架与桅杆，还有运载火箭（包括卫星发射）所依赖的塔吊等。作为高耸结构的标志性典范，埃菲尔铁塔以其宏伟的姿态矗立于法国巴黎，而广州新电视塔则在中国南方天际线上展现了现代科技与美学的完美融合，两者共同诠释了高耸结构在人类文明进步中的重要作用。

五、可拆卸结构

钢结构建筑以其独特的可拆卸性，成为移动构件领域的理想选择。无论是通过螺钉连接、焊接还是其他便捷的拆卸方式，钢结构都能轻松实现构件的组装与拆卸，这一特性尤其适用于建筑工地、油田生产现场及野外作业环境，为这些动态变化的工作场景提供了极大的便利。同时，在建筑施工过程中，钢钢筋混凝土结构所依赖的模板、支架及钢脚手架等辅助设施，也广泛采用了钢筋作为主要材料，这些设施不仅增强了施工的安全性与效率，还展现了钢材在建筑行业中的广泛应用与重要价值。

六、轻型钢结构

钢结构以其轻盈的体态相较于混凝土构造展现出显著优势，这一特点在大跨度结构中尤为关键，其能够有效减轻结构自重，提升空间利用效率。即便在小跨度且房屋活荷载极轻的情况下，钢结构同样展现出其优越性，此时墙体的自身重量成为设计考量中的核心要素之一。特别是在特定条件下，冷弯薄壁钢屋架的钢材使用量甚至能低于传统钢筋混凝土屋架，这进一步凸显其经济性。轻型钢结构领域涵盖了多种结构形式，包括实腹变截面门式刚架，这种结构形式通过优化截面设计实现高效承载；冷弯薄壁钢结构，其中金属拱形波纹屋盖以其独特的形态与性能受到青睐，以及钢管结构，这些结构形式共同构成了轻型钢结构多样化的应用体系。

七、其他构筑物

另外，皮带通廊栈桥、管道支架、锅炉支架及其他钢构筑物，海洋采油平台等也大多为钢结构。

第三节　钢结构基本施工方法

一、钢结构构件的吊装

（一）起重机械

在规划钢结构项目工程建设时，吊挂起重机械的选择是一项至关重要的决策。这一过程需全面考量多方面因素，包括但不限于构件的实际跨度、设计标高、结构自重及吊挂作业量，同时紧密结合施工现场的具体要求、项目所在区域及企业内部的起重设备资源现状、紧张的工期限制及严格的建筑成本控制目标等。基于这些综合考量，我们方能精准匹配最适合的起重机械类型。当前市场上，汽车式起重机、履带式起重机与塔式起重机是最为常见的选择，它们各自具备独特的优势与适用范围，能够满足不同钢结构工程建设的多样化需求。

（二）钢结构构件的安装

1. 钢柱安装

在钢结构安装过程中，一系列精细步骤确保了施工的质量与安全。首先，安装前的全面检查至关重要，我们需严格遵循工程规范，对建筑物的定位轴线、基础轴线、标高及地脚螺栓位置等进行精确测量与验证，确保所有连接达到标准。

其次，进入钢柱起吊环节，利用钢柱上端的专用吊耳平稳起吊，过程中确保钢柱根部稳固垫实，不直接接触地面。通过精准控制吊钩升降与吊臂旋转，我们逐步扶正钢柱至基本稳定状态后继续提升，直至完全就位，严禁倾斜吊装以避免构件损坏。

首节钢柱的安装尤为关键，它直接安装在 ±0.00 m 的混凝土基础上。安装前，我们需预先将每根地脚螺栓连接并拧紧螺母，螺栓与螺母面的相对高度设定为钢柱底板的基准高度。钢柱吊挂到位后，我们通过微调螺栓与螺母，精确调整水平度与垂直度，直至满足规范要求。

再次，对于上部钢梁的布置，吊装前我们需在柱体内预设登云梯线及柱顶缆风绳。吊装完成后，我们首先确保上下柱中心线精确对齐，随后使用固定连接板与钢柱紧固连接，并拉紧缆风绳以稳固结构，最后解除吊钩。

最后，钢柱的矫正工作同样不容忽视。利用水准仪将标准点精确引测至钢柱上，先调整钢柱高度至标准范围，再细致修正垂直度。矫正过程中我们需综合考虑轴线位置、垂直度、标高及焊缝间距等多重因素，确保各部分误差均符合设计与规范要求，实现整体结构的精准与稳固。

2. 钢梁安装

在钢结构安装过程中，需细致规划每一步操作以确保工程质量、安全与效率。对于钢框架梁的安装，我们采用两点吊挂方式定位，随后利用冲钉临时固定螺栓孔，并至少穿入三分之一总量的装配螺钉作为初步紧固。安装螺栓后，我们需谨慎操作，避免无根据的扩口，并确保连接板表面平整。对于需焊接的平台柱，预装前需预留焊接变形量以补偿焊接收缩。横梁吊装完毕时，我们需再次复核并校正已安装横梁的精度，此过程需与钢柱校正同步进行，校正后使用大六角高强度螺栓临时固定，待整体结构校正与连接完成后再全面拧紧螺栓。为提高效率，框架横梁安装可采用一次多根吊装的策略，同时合理安排横梁间距以保障作业安全。

屋面梁因其大跨度及较低的侧向刚度，安装时我们需特别注重安全与质量。根据现场条件与起重能力，最大化地面拼装工作，减少高空作业量。吊装时，我们可选用单机两点或三点起吊方式，或借助铁扁担减少索具对梁的冲击。钢吊车梁的安装则需采用专业吊耳或特定钢丝绳捆绑方法，其校正工作包括标高、纵横轴线（直线度、轨距）及垂直度的调整，且应在完成一跨整体吊装后进行统一校正，以确保精度与稳定性。

3. 压型钢板安装

压型钢板的安装首要关注边角处理，确保四周连接长度严格遵循设计标准，并精细施工以保障质量。边角模板的制作需匠心独运，细致入微，方可精准下料切角。面对钢管的轻微弯曲或损伤，我们可采用木槌、扳手细心修复；若遇严重折断或镀锌层大面积剥落，我们则应及时报废处理。铺设前，钢梁表面必须彻底清洁，去除所有污垢、铁锈，保持干燥洁净状态。铺板作业需严格遵循预定方向，边铺设边进行点焊固定，确保两板槽肋对齐且分布均匀。当压型钢板作为永久性支撑模板使用时，我们应严格控制二板搭接尺寸，至少保持 5 cm 的搭接距离，以增强结构稳固性。施工过程中，我们还需频繁检查边模板的平整度，排查波浪状变形，并确保垂直误差控制在50 mm 以内，对任何不符合要求之处立即进行校正调整。

4. 网架结构安装

钢结构网架的安装方法多样，每种方法都针对特定的施工条件与需求。高空散装法，包括全支架法与悬挑法，前者利用满堂脚手架支撑散件在高空组装，后者则适用于小拼单元的高空总拼，尤其是复杂网壳结构。分条分块法作为高空散装法的扩展，通过地面预拼装成条形或块状单元，再借助起重机械或专用升降装置垂直吊升至指定位置，减少高空作业量。高空滑移法则巧妙利用滑轨，将分条网架单元逐一滑移至设计位置拼接，适应性强且效率较高。整体吊升法则是在地面完成网架整体拼装后，利用大型起重机械一次吊升至高空并精确定位，此法虽对起重设备要求高，但能有效提升安装质量与效率，尤其适合大型复杂网架结构。整体顶升法则利用既有结构柱或专设支架，通过底部安装的千斤顶垂直顶升网架，过程中需严格导向控制，确保稳定上升，主要应用于点支承网架系统。这些方法各有千秋，共同构成了钢结构网架安装技术的丰富体系。

二、钢结构构件的连接

钢结构作为复杂工程体系，其核心在于各部件的精妙组合。连接，作为这一组合的纽带，不仅负责将板材与型钢巧妙编织成独立的构件，更将这些构件紧密联结成协同运作的整体结构，其形式与质量直接决定了钢构件的整体效能。因此，在钢结构设计中，连接环节占据着举足轻重的地位，我们需遵循可靠性、传力精准、结构精简、制作便捷及材料节约的基本原则。理想的连接接头应兼具适宜的重量与合理的装配间隙，以适应各种应用场景。

当前，钢结构的连接方式多样，主要涵盖焊接连接、螺栓连接两大类，而传统的铆钉连接因工艺复杂、材料消耗大且效率低下，已逐渐淡出主流应用范畴，故在此不深入讨论。

（一）焊接连接

焊接连接作为现代工程中不可或缺的连接技术，其优势显著且多元。首先，焊接无须在钢筋上额外打孔或钻孔，这一特性不仅显著节省了能源与时间，还避免了材料横截面的无谓损耗，促进了建筑材料的合理高效利用。其次，焊接的普适性强，几乎能连接所有类型的构件，且通常无须额外的辅助部件，简化了连接结构，缩短了力的传递路径，广泛应用于各类工程场景。此外，焊接连接还展现出优异的气密性和水密性，赋予了结构强大的刚性与稳定性，确保了建筑物的整体安全性能。

然而，焊接连接亦非完美无缺，其潜在弊端不容忽视。焊接过程中产生的高温会在周边区域形成热影响区，导致钢材的金相组织结构和物理参数发生变化，可能使材料脆化。同时，焊接残余应力增加了构件脆性损伤的风险，降低了压杆的稳定强度，且残余变形需额外矫正工作，增加了施工成本。此外，焊缝的连续性特点也意味着一旦局部出现裂纹，其扩展速度较快，可能迅速波及整体结构。

鉴于此，工程设计、生产与安装阶段我们需采取一系列预防措施，以最大限度地减少焊接连接带来的不利影响。同时，我们严格遵守《钢结构工程施工质量验收规范》（GB 50205—2020）中的相关规定，对焊缝质量进行严格检验与验证，确保工程质量达标。焊缝质量检验通常采用外观检验与内部无损检测两种方式并行，前者侧重于外形缺陷与几何尺寸的直观检查，后者则利用超声检测、磁粉检测、X射线或γ射线透照等先进技术手段，深入探测焊缝内部可能存在的隐蔽缺陷，确保焊缝质量全面可控。

在具体焊接技术选择上，手工电弧焊与自动（或半自动）埋弧焊因其操作灵活、效率高，成为当前应用最为广泛的焊接方式。同时，气体保护焊与电渣压力焊等特种焊接技术也在特定领域展现出独特优势，为复杂多样的工程需求提供了解决方案。通过不断优化焊接工艺与技术手段，焊接连接将继续在钢结构工程中发挥关键作用，推动建筑行业的持续发展与创新。

（二）螺栓连接

螺栓连接分为普通螺栓连接和高强度螺栓连接两种。

1. 普通螺栓连接

在钢结构领域，普通螺栓作为关键的连接元件，广泛采用大六角头型设计，其规格标识简洁明了，通常以"M"字母开头，后接公称直径数值（单位毫米），如 M18、M20、M22、M24 等，这些型号适应于不同规模和承载需求的建筑结构。螺栓的性能级别，如"4.6级""8.8级"等，是评估其质量的重要标准，这一体系科学地反映了螺栓材料的力学性能。具体而言，小数点前的数字代表螺栓材料的最低抗拉强度，例如"4"对应 400 N/mm^2，而"8"则意味着 800 N/mm^2 的抗拉强度；小数点后的数字，如 0.6 或 0.8，则反映了材料的屈强比，即屈服强度与最低抗拉强度的比值，这一比值对于理解螺栓在受力时的行为特性至关重要。

根据加工精度的不同，普通螺栓进一步细分为 A、B、C 三级。C 级螺栓，作为经济实用的选择，通常通过未加工的圆钢直接压制而成，表面相对粗糙，因此更适用于配合未经精密钻孔的 Ⅱ 类孔使用，这类孔的直径较螺栓杆径略大，便于快速安装，但牺牲了一定的紧密性。在受剪力影响时，C 级螺栓可能产生较大的剪切滑动和连接变形，尽管如此，其安装简便，能有效传递拉力，因此常用于沿螺栓轴向受拉的连接、次要构件的防剪连接或临时固定等场景。

相比之下，A、B 级精制螺栓则代表了更高的工艺水平和性能标准。它们由毛坯在车床上经过精细切削加工而成，表面光滑，尺寸精确，螺杆与螺栓孔径配合紧密，且公差控制严格，螺杆孔径允许负公差，螺栓孔径则只允许正公差。这种高精度的设计赋予了 A、B 级螺栓优异的受剪性能，但相应地，其制造和装配过程更为复杂，成本也更高，因此在现代钢结构工程中，除非特殊需求，我们已较少采用。

2. 高强度螺栓连接

高强度螺栓，作为现代工程结构连接中的关键元件，其性能分级体系完善，常见的有 8.8 级和 10.9 级，分别代表了不同的强度等级，以适应不同荷载需求。这些螺栓在形态上主要分为大六角头型和扭剪型，各自以其独特的结构设计满足了多样化的安装与应用场景。在装配过程中，为了确保螺栓达到预定的紧固效果，特制的扳手被用来施加巨大的扭矩，以此拧紧螺帽，使螺杆内产生足够的预拉力。这一预拉力机制至关重要，它不仅能够紧密夹持被连接的部件，还在连接面之间创造出强大的摩擦力，这种摩擦力成为传递外部荷载的关键媒介，确保了结构的整体稳定性和安全性。

高强度螺栓连接技术依据结构的受力特性细分为摩擦型和承压型两大类。摩擦型连接以其独特的优势，在要求高精度和稳定性的连接中备受青睐。它依赖连接板件间产生的强大摩擦力来承担外部荷载，这一过程中，螺栓连接孔并不直接承受压力，螺杆也避免了剪切破坏的风险，因此接头变形微小，连接牢固且抗疲劳性能卓越。此外，摩擦型连接的安装简便快捷，且在动态荷载作用下仍能保持良好的连接状态，不易松动，尤其适合用于承受频繁变化荷载的结构体系。

相比之下，承压型连接则展现出了不同的受力机理。当连接板之间的摩擦力不足以支撑外部荷载时，承压型连接允许节点板发生相对滑移，此时，连接孔承压与螺栓受剪共同作用，承担起传递荷载的重任。这种连接方式的强度往往高于摩擦型连接，连接紧密，但伴随着较大的剪切应变，因此，在动力作用显著的结构中我们需谨慎使用，以避免因剪切变形过大而影响结构的整体性能。高强度螺栓连接的这两种类型各有千秋，为工程师提供了灵活多样的选择，以适应不同工程条件下的连接需求。

第四章　装配式混凝土结构

第一节　装配式混凝土结构的结构体系

一、装配式混凝土结构的主要技术体系

在装配式建筑领域，混凝土结构的分类依据多样且细致，旨在满足不同建筑形式与功能需求。首先，从建筑形式的角度出发，装配式混凝土结构可细化为多种结构体系，包括但不限于框架结构、剪力墙结构、框架 – 剪力墙结构、框架 – 核心筒结构及框架 – 斜撑结构等，每种体系均针对特定的力学特性与空间布局需求而设计。

其次，若以预制混凝土构件在结构中的具体应用部位作为分类标准，则可划分为三大类别：一是竖向承重构件保持现浇结构，而外围护墙、内隔墙、楼板、楼梯等非承重或次要承重构件则采用预制方式，这种组合既保证了结构主体的安全性，又提高了施工效率；二是部分竖向承重结构构件与外围护墙、内隔墙、楼板、楼梯等构件均采用预制技术，这种半预制半现浇的方式在成本控制与工期缩短上找到了平衡点；三是实现全预制化，即所有竖向承重结构、水平构件乃至非结构构件均使用预制构件，这一模式极大程度地推进了建筑工业化进程，但需精细设计以确保各构件间的无缝对接。

最后，从连接方式的整体性能角度考量，装配式混凝土结构又可分为装配整体式与全装配式两大类。装配整体式混凝土结构，其核心在于通过钢筋和后浇混凝土实现预制构件间的牢固连接。这种连接方式使得其整体性能接近甚至等同于传统现浇结构，设计时可直接参照现浇结构的相关规范进行。全装配式混凝土结构则采用了更为灵活的干式连接方法，预制构件间的安装过程简化高效。然而，由于连接方式的根本性变化，其设计方法需突破现浇结构的框架，目前仍处于不断探索与完善的研究阶段。

二、装配式混凝土框架结构体系

（一）装配式混凝土框架结构的适用范围

相较于日本等国家，中国在装配式框架结构的应用层面尚处于相对较低的水平，但其应用范畴已逐步展现出向多元化发展的趋势。目前，在中国，装配式框架结构主要被广泛应用于工业建筑领域，如工厂厂房、仓储设施、商业综合体、大型停车场、现代化办公空间、教育机构的教学楼及医疗与商务用途的高层建筑等。这些建筑项目之所以青睐装配式框架，不仅因为其能够高效满足大跨度空间需求，还因其在内部空间布局上的高度灵活性，为不同功能区域的划分与调整提供了便利。

值得注意的是，尽管装配式框架在普通住宅领域的应用尚不普遍，但其潜力巨大。我们若能将其引入普通住宅建设，结合外墙板、内墙板及高性能预制楼板或预制叠合楼板等先进技术，不仅能够显著提升施工效率，缩短建设周期，还能有效控制建筑质量，减少现场湿作业带来的环境污染与资源浪费。更重要的是，这种高度预制化的建造方式，能够极大地促进建筑工业化进程，推动建筑行业向标准化、模块化、智能化方向转型，最终实现建筑业的可持续发展。因此，随着技术的不断进步与成本的逐步降低，装配式框架结构在普通住宅领域的广泛应用指日可待，将为未来城市居住环境的改善与提升贡献重要力量。

装配整体式框架结构房屋的最大适用高度如表 4-1 所示。

表 4-1 装配整体式框架结构房屋的最大适用高度 单位：m

抗震设防烈度	6 度	7 度	8 度（0.20g）	8 度（0.30g）
适用高度	60	50	40	30

预制预应力混凝土装配整体式框架结构乙类、丙类建筑的最大适用高度如表 4-2 所示。

表 4-2 预制预应力混凝土装配整体式框架结构乙类、丙类建筑的最大适用高度 单位：m

结构类型	非抗震设计	抗震设防烈度	
		6 度	7 度
装配式框架结构	采用预制柱	70	50	45
	采用现浇柱	70	55	50

（二）装配式混凝土框架结构的构件拆分设计

在装配式混凝土框架结构的设计流程中，深化设计环节至关重要。它涵盖了构件的细致拆分、高效的拼装连接策略，以及精确到每一个加工细节的设计优化。深化设计的核心目标是确保装配式混凝土框架结构严格遵循"强柱弱梁、强剪弱弯、强节点弱构件"的经典抗震设计原则，以提升结构的安全性与稳定性。

具体到构件拆分设计，这一步骤涉及对柱、梁、楼板、墙板及楼梯等关键构件的精细划分，旨在明确预制构件的具体结构形态、精确尺寸及科学合理的连接方式。在设计过程中，我们需紧密围绕结构受力的合理性，追求连接构造的简洁高效，同时兼顾工厂生产的便捷性、运输的可行性及安装的快速性，力求实现少规格、多组合的最优解。实践表明，当预制构件重量控制在 4 吨以内时，运输与吊装作业将更为顺畅，成本效益也更为显著，因此，预制梁、柱等关键承重构件的重量应被严格限制在 4 吨以下，通常不超过 6 吨，以平衡施工效率与成本。此外，预制楼板的宽度设计则需综合考虑运输条件、生产场地限制等因素，一般控制在 3 米以内，以优化生产流程。

对于楼梯间的布置，亦需精心规划，避免造成结构平面的不规则性。同时统一开间尺寸与结构形状，避免镜像楼梯的设计，从而有效减少楼梯构件的种类与数量，进一步提升施工效率与成本控制水平。合理的预制构件重量与尺寸规划，不仅是保障工程质量的关键，也是有效控制整体建造成本的有效策略。

1. 柱的拆分

在遵循《预制预应力混凝土装配整体式框架结构技术规程》（JGJ 224—2010）的前提下，柱子的设计通常遵循层高拆分原则，即单次成型的预制柱长度应限制在 14 米或四层层高中的较小值，以确保结构的安全性与施工的可操作性。进一步，虽然将柱子拆分为多节技术上可行，但考虑到多节柱在制造、运输、吊装及精确定位等方面的额外挑战，设计实践中我们更倾向于按楼层高度将柱子拆分为单节，此举不仅简化了制造流程，提高了运输与吊装效率，还有助于在施工过程中更有效地控制预制柱的垂直度，从而全面保障工程质量。此外，对于矩形柱而言，其截面宽度及圆柱的直径均有明确下限要求，即不得小于 400 mm，并且这一尺寸还需至少是同一方向框架梁宽度的 1.5 倍，以满足结构承载与稳定性的双重需求。

2. 梁的拆分

装配式框架结构中的梁分为主梁、次梁。主梁一般按柱网拆分为单跨梁，而次梁则以主梁间距为单元拆分为单跨梁。

3. 楼板的拆分

楼板的分类依据其构造形式，主要划分为单向叠合板、有缝双向叠合板及无接缝双向叠合板三大类。在采用单向叠合板设计时，楼板的预制板部分通过分离式连接实现，赋予了其灵活拼装于任意位置的能力。对于长宽比不大于 3 的四边支承叠合板，若选择双向叠合板形式，则预制板间的接缝处理尤为关键，宜优先采用整体式接缝或无接缝设计，并确保接缝位置精心布置于叠板的最弱承载区，同时规避最大弯矩截面或等宽截面，焊缝则推荐采用宽度不小于 200 mm 的后浇带形式，以强化连接强度。此外，在同一区域内，为简化施工与成本控制，所有预制板应尽量统一宽度，减少板件类型，同时需综合考虑对预制板位置调整、强弱电线管布局及卫生间等特殊区域的影响。

预制板的底板厚度设计需综合考量板的规格尺寸、制造工艺要求、吊装作业过程中的应力分布及现场浇筑时的承载需求。一般而言，叠合板的预制板层厚度不应小于 60 mm，以确保足够的结构刚度；而后浇混凝土叠合层同样需维持不小于 60 mm 的厚度，以加强整体结构的协同作用。针对特定跨度要求，当叠合板跨度超越 3 米时，我们推荐采用桁架式钢筋混凝土叠合板以提升承载能力；若跨度进一步增大至 6 米以上，则预应力混凝土预制板成为更优选择；而当叠合板厚度超过 180 mm 时，混凝土空心板因其轻量化与高效能特点成为首选，且板端空腔需采取密封措施，以优化结构性能与耐久性。

4. 外挂墙板的拆分

外挂墙板，作为装配式混凝土框架结构中的非承重外墙组件，不仅承担着围护与装饰功能，其设计还需精心考量施工便捷性、运输条件限制及主体结构层间位移等因素。在拆分设计时，外挂墙板原则上应限定于单一层高与开间范围内，以确保安装的可行性与结构的稳定性。板型的选定则需由外挂墙板相对于主体结构可能发生的位移模式及建筑立面的独特风貌综合决定：若存在转动趋势，整间板或竖条板为优选；若预测有平移与转动可能，整间板更为适宜；而在墙板固定不动的情况下，设计灵活性增强，整间板、竖条板及横条板均可按需选择。此外，外挂墙板的拆分尺寸规划需巧妙融合建筑立面的美学考量，确保墙板接缝自然融入建筑外观，既符合墙板尺寸控制的工程技术标准，又彰显立面分割的艺术美感与功能性分块需求。

5. 楼梯的拆分

预制混凝土楼梯一般使用梁承式的，而双跑楼梯和剪切楼梯宜以一跑楼梯为基本单元加以划分，各梯段净宽、梯段长度、梯段高度应统一。双跑楼梯半层处的休息台板，应与其竖向的支撑结构一起预制。剪切楼梯应设置为梁式楼梯，以减轻预制混凝土楼梯板的载荷。而预制楼梯板之间应通过一端固定铰一端滑动铰的方法连接，其滑动及变形性能应符合地震影响下结构弹塑性层间变化的条件，且端部在支承构件上的最小搁置长度也应满足相关规定。预制楼梯板在支承构件上的最小搁置长度如表 4-3 所示。

表 4-3 预制楼梯板在支承构件上的最小搁置长度

抗震设防烈度	6	7	8
最小搁置长度/mm	100	100	150

（三）装配式混凝土框架结构的构件配筋、连接设计

装配式混凝土框架结构的设计应深化预制构件的配筋、构件连接方面的设计。

1. 适当调整预制构件的配筋，适合制作和安装要求

在预制框架柱、预制叠合框架梁及预制或现浇柱梁节点的配筋设计中，由于需兼顾预制构件的制造精度、运输便捷性及现场安装的特殊性，其配筋构造相较于传统现浇框架结构构件存在显著差异，因此需进行针对性调整。具体而言，为优化预制柱与预制（叠合）梁的制作与安装流程我们应进行如下操作：

纵向受力钢筋配置优化：在相同荷载条件下，我们倾向于采用数量较少但直径较大的纵向受力钢筋。对于预制柱，其纵向钢筋直径建议不小于 20 mm，且钢筋间距不宜超过 200 mm，理想布局是将这些钢筋集中于柱子的四角进行对称布置，以提高构件的

整体承载能力和加工效率。

箍筋加密区设置：在预制柱的关键部位，如底部、顶部，以及预制（叠合）梁靠近柱子的区域、主次梁交叉处的主梁两侧，我们需实施箍筋加密措施以增强局部抗剪能力。特别地，当预制柱的纵向受力钢筋采用套筒灌浆连接时，箍筋加密区的长度应至少涵盖纵向钢筋的连接区域长度外加 500 mm，并确保套筒上端的第一个箍筋与套筒顶部的距离不超过 50 mm，以保障连接节点的可靠性。

外伸钢筋配筋构造考虑：预制柱与预制（叠合）梁的外伸钢筋设计需充分考虑相邻构件安装过程中的钢筋连接便捷性、避让需求及现场施工环境中钢筋的放置与固定要求。这一环节的设计优化对于减少现场安装难度、提升施工效率至关重要。

2. 深化预制构件的连接设计

（1）预制柱的连接设计

预制柱的连接设计是确保装配式结构整体性与稳定性的关键环节，其核心在于结合面的精细化处理及钢筋的有效连接与锚固策略。首先，就预制柱的结合面设计而言，这是一项至关重要的准备工作，它要求预制柱的底面被精心设计成凹字形键槽，旨在增大接触面积并提升结合强度。键槽表面需保持粗糙以增加摩擦力，同时键槽布局应均匀平整，深度至少达到 30 mm 以确保连接的稳固性，而键槽端部的斜面倾角则需严格控制在 30°以内，以防应力集中现象。柱顶部分同样要求表面粗糙处理，去除浮浆，确保与上部结构的紧密贴合。

其次，预制柱的钢筋连接与锚固设计直接关系到结构的承载能力与安全性能。根据接头受力特性、施工便捷性等因素，预制柱的纵向钢筋连接可采用多种先进接头方式，包括但不限于套筒灌浆连接、机械连接、焊接连接及绑扎搭接连接。值得注意的是，由于浆锚搭接连接在钢筋直径超过 20 mm 时其性能受限，因此不宜采用。此外，当预制柱直接承受动力荷载时，出于安全考虑，纵向钢筋亦应避免采用浆锚搭接连接。目前，套筒灌浆连接技术以其高效、可靠的优势，在预制柱钢筋连接中占据主导地位，该技术不仅工艺成熟，且已成为现代装配式混凝土结构不可或缺的核心技术之一，对于提升整体结构的装配效率与质量具有里程碑式的意义。

套筒灌浆连接接头要求钢筋混凝土的孔径不得超过 40 mm，并贯穿与后浇的节点区相连。砂浆材质的特性，应当符合技术标准《钢筋连接用套筒灌浆料》（JG/T 408—2019）的相关规定，其抗压强度、竖向膨胀率、工作性能应符合表 4-4 至表 4-6 的要求。

表 4-4 灌浆料抗压强度要求

时间（龄期）	抗压强度/（N/mm²）
1d	≥35
3d	≥60
28d	≥85

表 4 – 5　灌浆料竖向膨胀率要求

项目	竖向膨胀率
3 h	≥0.02%
24 h 与 3 h 差值	0.02% ~ 0.50%

表 4 – 6　灌浆料拌合物的工作性能要求

项目		工作性能要求
流动度/mm	初始	≥300
	30 min	≥260
泌水率		0

灌浆套筒的设计与应用必须严格遵循《钢筋连接用灌浆套筒》（JG/T 398—2012）标准，以确保其性能与质量。灌浆套筒依据连接方式的不同，主要分为全灌浆套筒与半灌浆套筒两大类。全灌浆套筒的两端均设计为套筒灌浆连接，而半灌浆套筒则一端采用套筒灌浆连接，另一端则采用机械连接。对于套筒灌浆连接端，钢筋的锚固深度是至关重要的参数，其值不应小于钢筋直径的 8 倍，以确保连接的稳固性。

在套筒尺寸设计方面，针对直径在 20 至 25 mm 的钢筋，套筒灌浆段的最小内径需保证与钢筋管径之差至少为 10 mm；而对于直径在 28 至 40 mm 的钢筋，此差值则需增加至至少 15 mm，以满足灌浆作业的顺畅进行及连接强度的要求。

在预制柱叠合梁结构的施工中，柱底接缝的设置尤为关键。该接缝应精确位于楼面标高之上，厚度统一为 20 mm，并使用砂浆材料紧密填实。柱体上的键槽设计需精心考量，旨在促进混凝土砂浆填充过程中气体的有效排出，避免气泡滞留影响接缝质量。此外，柱底接缝的混凝土砂浆填充作业应与套筒灌浆工作同步进行，以协调施工进度，确保整体结构的稳固性与密实性。

（2）梁柱的连接设计

在预制柱叠合梁框架节点的精细化设计中，梁钢筋的连接与锚固策略直接关乎节点区域的受力性能与整体结构的稳定性。在设计过程中，我们需全面考量装配化施工的可行性，精确规划梁、柱的尺寸参数（包括直径、钢筋的长度与宽度），以规避梁柱钢筋在节点区域内的安装冲突。同时，合理配置节点区的箍筋布局，对于增强梁柱节点的连接强度与抗震性能至关重要。

对于框架中间层节点，中节点处的梁下部纵向受力钢筋优选锚固在后浇节点区内，既可采用直线锚固简化施工，也可根据柱截面尺寸条件灵活选用锚固板或 90°弯折锚固方案。梁上部纵向钢筋则需贯穿整个后浇节点区，确保传力连续。端节点处理上，若柱截面不足以满足直线锚固要求，我们同样可采用锚固板或弯折锚固策略，以适应结构需求。

框架顶层节点的设计则需特别关注柱纵向钢筋的锚固方式，通常首选直线锚固，但柱顶后浇段尺寸受限时，我们应及时调整为锚固板锚固，确保钢筋连接可靠。顶层端节点的梁纵向钢筋锚固亦需遵循锚固板锚固原则，同时柱子需适当伸出屋面，与纵向承载钢筋共同锚固于伸出段内，伸出段长度、箍筋配置等均需满足严格的结构安全要求。

在预制柱叠合梁框架节点区，面对小截面柱与钢筋安装难题，叠合梁纵向受力钢筋可巧妙安排在后浇段内连接，具体位置可根据核心区实际情况灵活调整，以增强节点区域的受力稳定性。此外，叠合梁后浇叠合层顶部的水平钢筋需贯穿核心区，梁端后浇段的箍筋配置亦需严格遵守抗震等级与间距要求，确保节点区域的抗震性能与整体结构安全。

对于采用后张预应力叠合梁的装配整体式框架，预应力钢绞线的工程设计必须严格遵循国家相关规范标准，如《预应力混凝土结构设计规范》（JGJ 369—2016）、《预应力混凝土结构抗震设计规程》（JGJ 140—2004）及《无粘结预应力混凝土结构技术规程》（JGJ 92—2016）等，以确保预应力体系的科学设计与有效实施，进一步提升结构的承载能力与耐久性。

第二节　预制预应力混凝土装配整体式结构

框架结构不仅是框架结构体系的主体承重结构，还是框架—剪力墙结构体系的重要抗侧力构件，主要由梁、柱及梁柱的连接节点组成。本节我们重点介绍预制预应力混凝土装配整体式框架结构的梁、柱和连接节点的构造，并结合试验分析构造的可靠性。

一、预制框架结构的连接构造

（一）预制柱与基础连接

在多层框架结构中，当采用预留孔插筋法连接预制柱与基础时，我们应遵循一系列严格的技术规范以确保连接的稳固性与可靠性。具体而言，预留孔的长度设计需充分考虑柱主筋搭接的需求，确保长度超出主筋搭接所需，以保障连接强度。同时，预留孔应选用封底严密的镀锌波纹管，此封底措施必须严密无虞，有效防止灌浆过程中的渗浆现象。波纹管的内径尺寸亦不容忽视，其最小值应设定为柱主筋外切圆直径加上至少 10 mm 的余量，以容纳主筋并确保灌浆料的顺畅流动。在灌浆材料的选择上，我们推荐使用无收缩水泥灌浆料，该材料需满足特定的强度要求：1 天龄期时，其硬度不得低于 25 MPa，而在 28 天龄期范围内，其强度硬度则需达到或超过 60 MPa，以此确保连接部位长期稳定的力学性能。

（二）预制梁与预制柱连接

在柱与梁的连接设计中，键槽节点作为常用方案，其构造细节需严格把控。键槽内的 U 形钢筋直径应设定在合理范围内，即不小于 12 mm 且不大于 20 mm，以确保足够的结构强度和灵活性。同时，钢绞线的弯锚长度需满足最低 210 mm 的要求，而 U 形钢筋的锚固长度则必须遵循国家标准《混凝土结构设计规范》（GB 50010—2010）中的相关规定，以保证连接的安全性与可靠性。

在设计预留键槽壁时，其壁厚优选为 40 mm，这一尺寸既便于施工又有利于结构稳定。若选择不预留键槽壁，我们则需在现场浇筑前于键槽预定位置设置样板，并精确安置箍筋与 U 形钢筋，随后方可进行键槽混凝土的浇筑作业。特别注意，在边节点处，U 形钢筋的水平宽度若未跨越柱中心线，则严禁向上弯折，以免影响结构整体性。此外，在中间层边节点的处理上，无论是梁上部纵筋还是 U 形钢筋的外端，若采用钢筋锚固板进行锚固，我们均应严格遵守当前有效的建筑技术标准，确保每一项施工细节都符合规范，从而保障整体结构的安全与质量。

二、预制柱与基础连接试验

（一）试件设计与制作

本次试验的核心目的在于深入研究采用直螺纹配置的套筒灌浆连接方式下，预制混凝土柱在多种纵筋配筋率及配箍率条件下的抗震表现。

试验中特别选用了由北京某知名建设设备有限公司制造的灌浆直螺纹套筒，该套筒的设计独具匠心，区别于传统灌浆套筒普遍采用的两端对称灌浆连接方式，而是通过在一端集成直螺纹连接段，实现了与钢筋的机械紧固连接，而在另一端则保留了灌浆连接方式，以此连接另一根钢筋。这种非对称但高效结合的设计，为研究不同配筋条件下预制柱的抗震性能提供了新的视角与实验平台。

1. 试件设计

试验采用低周反复荷载试验方法。试件截面采用对称配筋。

试验试件参数如表 4 - 7 所示，其中试件 KZ1、KZ2、KZ4 和 KZ5 为套筒灌浆连接柱，试件 KZ3 和 KZ6 为现浇柱，作为试验对照组。

试件 KZ1 配筋如图 4 - 1 所示。

表 4 - 7　试验试件参数

试件编号	混凝土	纵筋	设计轴压比	套筒端箍筋	套筒	纵筋配筋率	布置套筒段体积配箍率
KZ1	C40	8Φ20	0.8	Φ10@50	CT20	2.05%	0.68%
KZ2	C40	8Φ20	0.8	Φ10@100	CT20	2.05%	0.34%
KZ3	C40	8Φ20	0.8	Φ10@100	—	2.05%	0.33%
KZ4	C40	4Φ20	0.8	Φ10@100	CT20	1.03%	0.62%
KZ5	C40	4Φ20	0.8	Φ10@100	CT20	1.03%	0.31%
KZ6	C40	4Φ20	0.8	Φ10@100	—	1.03%	0.32%

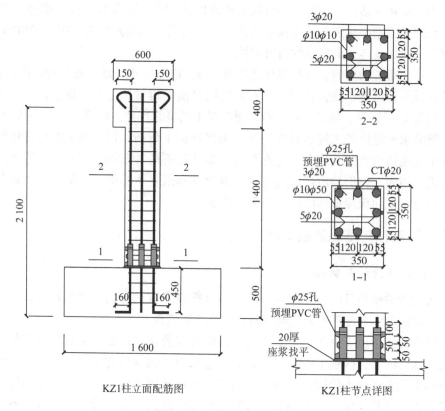

图 4-1　试件 KZ1 配筋

2. 套筒灌浆试件的制作

套筒灌浆试件的制作流程：预制套筒灌浆柱→预制基座→装配和设置灌浆层→向套筒中填充灌浆料。

（二）监测与加载制度

1. 应变片布置

在连接处布置纵筋与箍筋应变片。

2. 位移计布置

位移计布置如图 4-2 所示。位移计 1 布置于距离基础顶面 1200 mm 处，用来测量柱在平面内水平位移和计算柱在面内的侧移角。位移计 2（3）布置于距离基础顶面 200 mm 处，用于测量连接面的变形（平面内侧移转角和可能发生的截面扭转）。位移计 4 布置在基础高度中心线处，用于测量基础水平位移。

3. 加载装置

低周反复荷载试验在苏交科集团股份有限公司结构实验室中严谨展开，实验过程中，MTS 作动器被精心布置于水平状态，其作动头的中线被精确调整至与试验柱上方梁的中线完全重合，以确保加载路径的准确无误。试件的地梁部分通过牢固的地锚系统锚定于坚固的地面，为试验提供了稳定的支撑基础。为了维持设计轴压比达到既定

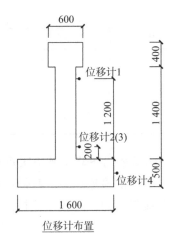

图 4 - 2　位移计布置

的 0.8，实验团队在钢压梁上精心安装了穿心式液压千斤顶，并利用钢绞线作为传力媒介，对试件施加了约 156 吨的轴向压力，这一系列操作充分保障了试验条件的精确性与试验结果的可靠性。

4. 加载制度

试验启动前，为确保试件内部应力状态均匀，我们首先在柱顶施加一预载，该预载设定在竖向荷载的 40% 至 60%，并通过反复加载 2 至 3 次，以消除材料内部可能存在的组织不均匀性，随后，将预载提升至满载状态，并在整个试验过程中维持此荷载恒定。作为试验准备的一部分，我们还需对试验装置及所有测量仪表进行预校验，通过两次预加反复荷载操作，不仅进一步消除了试件内部可能的不均匀性，还验证了试验系统的响应灵敏度和准确性。预加反复荷载的幅值被严格控制在开裂负荷设计限值的 30% 以内，以确保试件安全。

正式试验开始后，我们采用位移控制器精确控制加载过程，遵循预设的分级加载方案（表 4 - 8）逐步施加荷载。在试件达到屈服点之前，采用 1 mm 为级差的位移增量进行分级加载，每一级加载后均完成一次循环，以此监测并调整加载速率，同时精确记录断裂位移与屈服位移的预估值。一旦试件进入屈服阶段，则转而以试件的屈服位移作为新的位移级差进行控制加载，每个加载级别需完成三次循环，以充分评估试件的延性性能。

表 4 - 8　低周反复加载制度

加载级	循环次数	控制参数/mm	加载幅度/mm
1			1
2	1	1	2
≥3			≥3（直到获得屈服位移 Δ_y）

加载级	循环次数	控制参数/mm	加载幅度/mm
4			Δ_y
5	3	Δ_y	$2\Delta_y$
6			$3\Delta_y$
≥7			≥$4\Delta_y$（直到获得屈服位移 Δ_y）

试验持续进行，直至试件的承载能力下降至其极限承载力的约80%，此时视为试件已被破坏，随即终止试验。在整个试验流程中，我们严格保证加载与卸载操作的稳定性和一致性，确保加载速率在加载与卸载过程中保持一致，以保证试验数据的准确性和可靠性。

（三）试验现象和结果

1. 侧移角的计算

混凝土柱在水平力作用下产生侧移 Δ，由此产生的柱侧移角 θ 按式4-1进行计算。

$$\theta = \Delta / h \tag{4-1}$$

式中，h 为混凝土底座顶面到作动器中心线的距离。

2. 滞回曲线和骨架曲线

图4-3至图4-8为 KZ1 至 KZ6 试件的 F-θ 滞回曲线，其直观反映了各试件在加载过程中力学性能的演变，同时呈现了与加载方向平行的侧面破坏形态。在这些滞回曲线中，关键加载状态如初始裂缝出现（CR）、初始屈服点（YD）、最大水平荷载峰值（PK）及试件最终破坏（FL）均已标记，便于观察分析。破坏状态图中，与套管顶端齐平的柱截面位置以加粗虚线明确标示，直观揭示了该截面附近角部混凝土的剥落乃至劈裂破坏现象，这种破坏模式显著削弱了柱子的承载效能，导致试件整体承载力下降至峰值承载力的80%以下，标志着试件破坏的完成。

进一步对比现浇柱与套筒灌浆连接柱的破坏特征，我们可以明显看出，现浇柱在柱脚连接区域产生的裂缝更为充分且密集，这一现象从侧面印证了现浇柱在相同条件下具有更大的变形能力，能够吸收更多的能量，表现出更优的变形适应性。

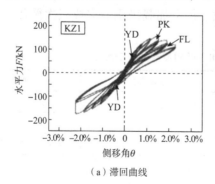

（a）滞回曲线　　　　　（b）试件破坏状态

图4-3　KZ1

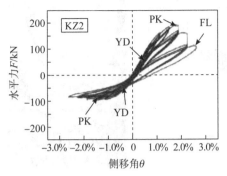

（a）滞回曲线　　　　　（b）试件破坏状态

图4-4　KZ2

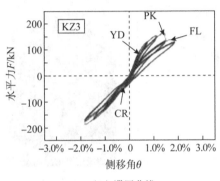

（a）滞回曲线　　　　　（b）试件破坏状态

图4-5　KZ3

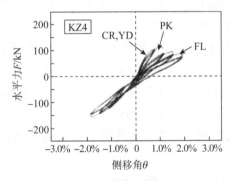

（a）滞回曲线　　　　　（b）试件破坏状态

图4-6　KZ4

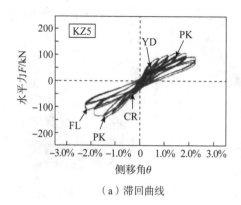 

（a）滞回曲线　　　　　　　　　（b）试件破坏状态

图4-7　KZ5

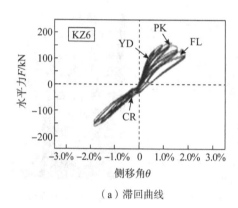 

（a）滞回曲线　　　　　　　　　（b）试件破坏状态

图4-8　KZ6

图4-9直观对比了各试件的骨架曲线，提供了关于试件力学性能变化趋势的清晰视图。结合图4-3至图4-8的数据分析，各试件的屈服荷载与最大荷载已被精确提取。初始刚度和承载能力如表4-9所示。通过细致对比，一个显著的现象是套筒灌浆试件相较于现浇试件，在承载能力方面（包括屈服荷载与极限荷载）表现出一定的劣势。然而，在套筒灌浆试件内部，通过增加套筒段区域的配箍率，我们可以有效提升其承载能力，无论是屈服荷载还是最大荷载均有所增强。另外，提高纵筋的配筋率则对试件的极限荷载产生了显著的提升效果，尽管这种增强对屈服荷载的影响相对较为有限，仅表现为小幅度的增长。

由图4-3至图4-8可知，在与灌浆套筒顶端平齐的柱截面处，虽然我们确实观察到了裂缝的形成，但这些裂缝相较于其他区域并不显著或突出，这表明该截面并非试验过程中试件性能的主导或控制截面。进一步分析可知，试件的极限承载能力实际上受限于柱脚角落处的混凝土表现。在循环加载的作用下，该区域的混凝土经历了严重的压缩破坏，包括压溃、剥落乃至劈裂现象，这些损伤极大地削弱了试件的整体承载潜能，从而成为决定试件最终失效的关键因素。

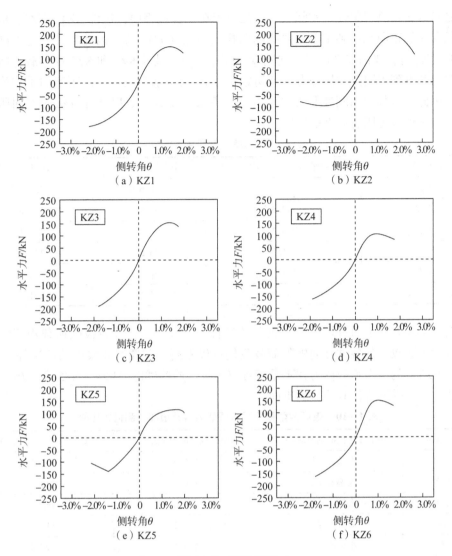

图 4-9 骨架曲线

根据式 4-2 计算试件的初始刚度 k_θ。

$$k_\theta = F_y / \theta_y \quad (4-2)$$

表 4-9 详细列出了各试件的屈服荷载 (F_y) 及其对应的侧移角 (θ_y) 的计算结果，这些数据为分析试件的力学性能提供了重要依据。通过分析表 4-9，我们可以观察到一个显著趋势：套筒灌浆连接试件的 k_θ 值约为现浇试件的 60% 至 80%。此外，值得注意的是，通过在套筒段增加配箍率，我们可以显著提高试件的 k_θ 值，表明配箍率的优化对于提升试件的整体刚度性能具有积极作用。

然而，表中的数据也揭示了一个看似不合理的现象：配置有 8 根纵筋的试件组（KZ1、KZ2、KZ3）的初始刚度相较于配置有 4 根纵筋的试件组（KZ4、KZ5、KZ6）分别低 6.5%、8.6% 和 9.9%。但需要强调的是，这种差异并非反映了纵筋数量与初始刚度之间的直接负相关性。实际上，这是由于在试验过程中，试件 KZ4、KZ5、KZ6 仅在加载方向的正向观察到了滞回曲线的明显屈服点（YD 点），因此在计算这些试件的初始刚度 k_θ 时，我们仅考虑了正向刚度。相比之下，试件 KZ1 和 KZ2 在加载方向的正负双向均观察到了明显的屈服点，其初始刚度 k_θ 则是基于正负双向刚度的平均值计算得出。因此，这种初始刚度上的差异更多的是试验观察与数据处理方法的不同所导致的，而非试件本身固有属性的反映。

表 4 - 9　初始刚度和承载能力

试件编号	初始刚度 k_θ/（1×10^2 kN/rad）	屈服荷载 F_y/kN	极限荷载 F_y/kN
KZ1	188.3	70.6	152.3
KZ2	157.5	59.1	143.8
KZ3	233.7	87.6	163.1
KZ4	201.2	75.5	111.4
KZ5	172.3	64.6	27.3
KZ6	259.5	81.1	151.4

表 4 - 10 列出了通过规范方法判断的试件的破坏类型，并将极限荷载规范值与实测值进行了比较。从各试件的极限荷载我们可以看到，配置有 8 根纵筋的试件（KZ1，KZ2 和 KZ3）的极限承载能力并不是配置有 4 根纵筋的试件（KZ4，KZ5 和 KZ6）的两倍，这一点与受弯构件有明显的不同。

表 4 - 10　破坏类型和极限承载能力规范值和实测值的比较

试件编号	规范方法判断的破坏类型	极限荷载实测值 $F_{u,0}$/kN	极限荷载规范值 F_u/kN
KZ1	大偏心受压	146.5	152.3
KZ2	大偏心受压	136.8	143.8
KZ3	大偏心受压	119.5	163.1
KZ4	大偏心受压	123.2	111.4
KZ5	小偏心受压	106.1	127.3
KZ6	小偏心受压	94.3	151.4

注：$F_{u,0}$ 按《混凝土结构设计规范》（GB 50010—2010）计算得到。

通过对比图 4 - 10 至图 4 - 12 所展示的 KZ2、KZ4 和 KZ5 试件在部分加载级第一周循环后的破坏状态，我们可以观察到一些有趣的力学行为差异。具体而言，在达到最终加载级之前，对比配置有 8 根纵筋的 KZ2 与配置有 4 根纵筋的 KZ5，我们可以明显看出在相同加载级下，KZ2 的裂缝开展较少，破坏程度相对较轻，且承受了较小的变形。这一现象表明，提高纵筋的配筋率有效增强了试件的刚度，限制了裂缝的扩展，但同时使得试件的破坏模式更趋向于脆性。在最后一级加载时，KZ2 的柱脚角部混凝土发生了严重的剥落，瞬间释放了大量能量，进一步印证了其脆性破坏的特征。

另外，对比箍筋加密的 KZ4 与未加密的 KZ5，在同一加载级下，KZ4 的裂缝出现得更早且更为密集。然而，值得注意的是，箍筋的加密并未能有效抑制柱脚角部混凝土的压溃和剥落现象，反而 KZ4 比 KZ5 更早地出现了柱脚角部混凝土的压溃和剥落，导致其承载能力提前丧失，更早地进入破坏状态。这一发现提示我们，在特定条件下，单纯增加箍筋密度可能不足以全面改善试件的延性和破坏模式，我们需要综合考虑其他设计因素。

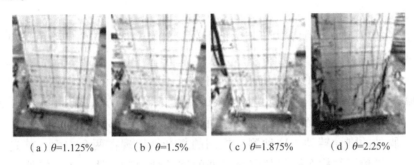

（a）$\theta=1.125\%$　　（b）$\theta=1.5\%$　　（c）$\theta=1.875\%$　　（d）$\theta=2.25\%$

图 4-10　KZ2 部分加载级状态

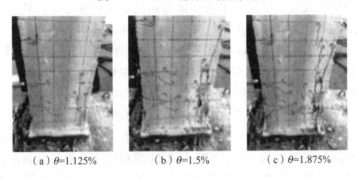

（a）$\theta=1.125\%$　　（b）$\theta=1.5\%$　　（c）$\theta=1.875\%$

图 4-11　KZ4 部分加载级状态

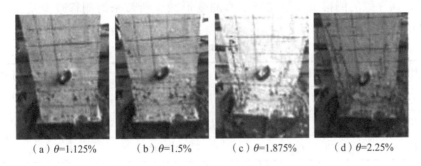

（a）$\theta=1.125\%$　　（b）$\theta=1.5\%$　　（c）$\theta=1.875\%$　　（d）$\theta=2.25\%$

图 4-12　KZ5 部分加载级状态

在此我们需明确指出，各试件的 F-θ 滞回曲线及骨架曲线均展现出一定程度的不对称性，此现象归因于试验实施过程中存在的锚固不充分问题，导致试件基座与支撑地面间发生了轻微的滑动。值得注意的是，尽管这种滑动现象存在，但它并未对试件承载能力的直接测量结果产生实质性影响，而是主要针对试件的变形能力测量值引入了偏差，进而可能影响到对试件耗能能力的准确评估。在深入处理试验结果时，我们发现试件 KZ3、KZ4 与 KZ5 在试验过程中展现出了最小的滑移量（滑移量被有效控制在 2 mm 以内），因此，为了确保变形能力与耗能能力评估的准确性和可靠性，我们将仅依据这三个试件的试验数据来开展后续的研究与分析工作。

3. 延性

采用侧移角延性系数来评估试件的延性，侧移角延性系数 μ_θ，按式 4 – 3 进行计算。

$$\mu_\theta = \theta_u / \theta_y \qquad (4-3)$$

其中 θ_u 为构件破坏（承载力下降为极限荷载 80%）时对应的侧移角，侧移角延性系数如表 4 – 11 所示。

由表 4 – 11 可知，除了 KZ3 和 KZ4 试件外，其余所有试件的延性系数均超越了 5.0 的门槛，这一结果表明，套筒灌浆连接试件在变形能力方面展现出了与现浇试件相媲美的优异表现。对于套筒灌浆连接试件而言，其水平侧移的主要贡献源于柱体的弯曲变形与柱脚处的刚性转动。这种侧移机制的复杂性体现在两个方面：首先，预制装配技术的应用导致了结构在柱与基座交界处的连续性中断，从而在连接处形成了潜在的薄弱点，这一削弱效应直接减少了由柱体弯曲所引发的变形量；其次，刚性钢套筒的引入及箍筋的有效约束共同作用于柱脚区域，显著增强了该部位的刚度，进而促使柱脚发生更为显著的刚性转动，这一效应又在一定程度上增加了水平侧移的贡献。

进一步分析不同试件间的延性差异，我们可以发现，在 KZ1 与 KZ2、KZ4 与 KZ5 的对比中，尽管加密了柱脚区域的箍筋配置，但试件的延性却有所降低。这一现象表明，在特定条件下，箍筋加密可能通过减少弯曲变形的方式，间接削弱了试件的整体延性，反映出此时由弯曲变形减少所导致的侧移减小量超出了由刚性转动增加所带来的侧移增量。相反，在 KZ1 与 KZ4、KZ2 与 KZ5 的对比中，提高纵筋配筋率则有效提升了试件的延性，这说明在增加纵筋配置的情况下，柱脚刚性转动的增强效应占据了主导地位，其导致的侧移增加量超越了弯曲变形减少所带来的侧移减少量，从而对试件的延性产生了积极影响。

表 4 – 11 侧移角延性系数

试件编号	屈服侧移角 θ_y	极限侧移角 θ_u	侧移角延性系数 μ_θ
KZ1	0.375%	1.998%	5.3
KZ2	0.375%	2.183%	5.8
KZ3	0.375%	1.764%	4.7
KZ4	0.375%	1.653%	4.4
KZ5	0.375%	2.115%	5.5
KZ6	0.3125%	1.759%	5.6

4. 耗能能力

采用等效黏滞阻尼比 ζ_{eq} 来评价试件的耗能能力。等效黏滞阻尼比 ζ_{eq} 按公式 4 – 4 进行计算。

$$\zeta_{eq} = \frac{E_D}{4\pi E_{str}} = \frac{S_{ABCDEA}}{2\pi S_{(OBF+ODG)}} \qquad (4-4)$$

其中 $E_D = S_{(ABC+CDE)}$ 为实际耗散能量，$E_{str} = 0.5S_{(ODF+ODG)}$ 为对应黏弹性体系的应变能，S_{ABCDEA} 为滞回环 ABCDEA 包围的面积，$S_{(OBF+ODG)}$ 为 △OBF 和 △ODG 包围面积之和 (图 4-13)。

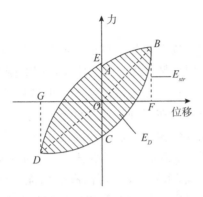

图 4-13 等效黏滞阻尼比计算示意

试件 KZ3、KZ4 和 KZ5 的试验过程中基座与地面之间产生的滑动被控制在很小的范围内，此处我们认为对试件耗能能力的影响也很小，可以忽略不计。此处我们对上述三个试件的耗能能力进行分析，计算出的试件在各加载级的平均等效黏滞阻尼比如表 4-12 所示。

表 4-12 平均等效黏滞阻尼比

加载级侧移角 θ	试件编号		
	KZ3	KZ4	KZ5
0.375%	3.504	5.104	5.135
0.750%	3.801	5.545	5.512
1.125%	3.594	6.126	5.256
1.500%	4.774	5.458	5.220
1.875%	5.357	6.418	7.692
2.250%	—	—	10.115

由表 4-12 可知，我们可以清晰地看到套筒灌浆连接试件 KZ4 与 KZ5 在等效阻尼比方面相较于现浇试件 KZ3 展现出了显著的优势，这一结果直接反映了套筒灌浆连接试件在耗能能力上的优越性。我们进一步观察套筒灌浆连接试件内部的差异，KZ4 与 KZ5 在加载级在 0.375% 至 1.5%，其阻尼比表现相当，表明在这一阶段两者的耗能效率相近。然而，随着加载级提升至 1.875% 及以上，两者之间的耗能差异逐渐显现，由于 KZ4 较 KZ5 更早达到破坏状态，因此在少经历一个加载级的情况下，KZ4 的耗能能力与 KZ5 相比存在明显差距。这一现象提示我们，尽管在塑性铰区域增加配箍率旨在提升性能，但在本试验条件下，反而导致了试件耗能能力的削弱，说明配箍率的优化

需结合具体加载条件综合考量。

此外，结合 KZ4 与 KZ5 在延性和变形能力上的表现，我们可以进一步推断试件的耗能能力与其延性和变形能力之间存在着正相关关系。具体而言，KZ4 在延性和变形能力上的不足直接反映在其较低的耗能能力上，这再次强调了结构设计时平衡各项性能指标的重要性。

（四）试验结论

通过对六个试件进行的低周反复加载试验，我们可以得出以下综合性结论：所有试件的最终破坏均归因于低周反复荷载作用下柱脚角部混凝土的严重压溃与剥落现象。尽管灌浆套筒的引入增强了柱脚区域的截面刚度，但试件的塑性铰形成区域仍主要集中于套筒布置段及其邻近位置。在高轴压比条件下，试件的抗震性能虽可接受，但并未表现出卓越水平。与现浇试件相比，采用套筒灌浆连接的试件在延性与变形能力方面展现出相近的表现，然而在承载能力上则略显不足。在遵循规范配筋原则的前提下，通过在套筒布置段提升体积配箍率，我们可以有效增强试件的屈服荷载与极限荷载。另外，增加纵筋的配筋率对提升试件的极限荷载具有显著效果，同时其屈服荷载也获得了一定程度的提升，这表明提高纵筋配筋率是增强承载能力的更为直接且有效的方法。然而，纵筋配筋率的提升也带来了试件刚度的增加，限制了裂缝的发展，使得试件的破坏模式趋于脆性。相反，提高套筒布置段的体积配箍率虽然促使裂缝更早、更频繁地出现，但并未能有效阻止柱脚角部混凝土的压溃与剥落过程。

第三节　无支撑装配式混凝土框架结构

一、无支撑装配式混凝土框架结构体系介绍

（一）体系概况

当前，建筑工业化作为国家重点推广的领域，预制装配式混凝土结构凭借其施工便捷、建设周期短、环保节能等多重优势，在行业内赢得了广泛认可与积极推广。全球范围内，预制工法丰富多样，各具特色，其中，"季氏预铸工法"及其衍生的无支撑装配式混凝土框架结构体系尤为引人注目。该体系源自美国，在新加坡由季兆桐博士进一步发扬光大，形成了一套涵盖设计、部件制造至施工的全链条预制装配产业生态。它不仅在新加坡本土取得了显著成效，还成功拓展至东南亚等地区，樟宜国际机场等标志性建筑便是其辉煌成就的最佳例证。凭借超过三十年的海外工程实践积累，"季氏预制装配体系"技术成熟度高，具备良好的技术适应性与灵活性，能够有效适应各种复杂施工条件和本土规范标准。尤为值得一提的是，其无支撑体系在成本控制上展现出卓越的经济性，相较于传统工法具有明显优势，进一步推动了该体系在全球范围内的普及与应用。

（二）体系特点

1. 无支撑预制装配体系具有的特点

无支撑预制装配体系是一种高效且经济的建筑解决方案，其核心构件包括预应力中空楼板、与柱等宽的梁及牛腿柱。这一体系特别适用于大跨度重载建筑，其中采用的中空板设计精妙，不仅自重轻，而且结构经济，无须额外次梁支撑，极大地简化了结构布局。中空板的安装流程极为便捷，它能在梁的吊装作业完成后直接就位，紧接着即可在其上进行现场面层施工，整个过程无须搭建模板或支撑结构，显著提升了施工效率与便利性。

更为重要的是，由于所有主要构件均在工厂内完成精细化生产，现场作业仅限于吊装环节，因此整个施工过程几乎不受恶劣天气影响，工程进度得以有效控制，同时，工厂化的生产模式也确保了构件品质的卓越，为工程质量提供了坚实保障。

2. 无支撑装配式混凝土框架结构体系的关键技术要点

串烧柱作为一种创新的预制工艺，显著优化了传统建造流程，其通过减少钢筋搭接量、降低吊装频次及简化梁柱节点施工，不仅提高了施工效率，还实现了显著的经济节约。其梁柱节点设计巧妙采用键槽式连接，这一创新集成了键槽、附加连接钢筋与后浇混凝土三大要素，特别是附加连接钢筋的创新应用，颠覆了传统梁纵向钢筋的锚固方式，实现了在键槽即梁端塑性铰区的直接搭接，大大简化了节点构造，增强了连接强度。

同时，针对大跨度、重载荷建筑的需求，楼板施工则广泛采用了预制预应力空心板工艺，该工艺不仅自重轻，无须额外次梁支撑，显著提升了结构的经济性能，而且预制板安装完成后即可直接作为施工操作平台，省去了模板与支撑系统的搭设，极大地加快了施工进度。在现场处理预制空心板板缝时，通过巧妙布置构造钢筋，并使用同标号膨胀细石混凝土填缝，随后浇筑 70 mm 厚的叠合层，这一系列措施确保了楼板的整体性与施工便捷性，充分展现了预制预应力空心板在大跨度建筑中的独特优势与高效施工特性。

二、无支撑装配式梁柱节点抗震性能试验研究

（一）试验目的

为了深入探究无支撑装配式梁柱节点核心区域对装配式混凝土框架结构抗震能力的具体影响，我们精心策划并实施了一项基于足尺试件的抗震性能试验研究，同时设立现浇梁柱节点作为对照组进行对比分析。研究覆盖了梁柱中节点与边节点两种典型节点类型，旨在通过大尺寸试件的测试，更真实、可靠地模拟并揭示装配式梁柱节点的失效模式与抗震特性。

本试验紧密依托一项实际装配式混凝土框架结构的试点工程案例，其中三层柱作为单一预制构件，各层高度分别为 6 m（首层）、4.5 m（二、三层），梁在两个主轴方向上的跨度则设定为 8 m 和 12 m。基于这一工程背景，我们精选了一层梁柱节点作为

试验模型原型，通过精细化的设计，确定了试验构件的具体尺寸与配筋方案。

对于预制柱部分，鉴于原型结构中相邻上下层柱的实际高度（6 m 与 4.5 m），结合结构设计中的反弯点理论（假定位于柱高一半处），我们对试验构件进行了合理的简化处理，最终确定上层柱高 1.75 m，下层柱高 2.1 m。至于预制梁，我们则保持了梁柱区域两侧梁的一致尺寸（600 mm × 950 mm），并依据原型梁的跨度（12 000 mm 与 8000 mm），计算出跨高比分别为 8.4 和 12.6，完全符合结构设计的跨高比要求。然而，在实际设计试验构件时，我们综合考虑了实验室的加载条件限制，对预制梁的截面尺寸进行了微调（600 mm × 800 mm），并设定预制梁长度为 3850 mm。此外，针对现浇试验构件，为更贴近实际情况，我们特别考虑了现浇楼板对梁的影响，将现浇梁的截面尺寸设定为 600 mm × 900 mm。

（二）试验构件设计

1. 梁柱中节点试验构件设计

装配式梁柱节点试验方案设计中，梁柱十字节点的研究参数包括连接钢筋与键槽的长度，键槽内附加锚固箍筋，键槽内连接钢筋的配筋面积等。梁柱中节点试验研究参数如表 4 - 13 所示。

表 4 - 13　梁柱中节点试验研究参数

构件名称	测试参数	L_s/mm	L_u/mm	键槽内连接钢筋面积/mm²
PC - C	预制构件基准组	$1.4L_{ae}$ 1065	1100	4D20，1257
PC - L1	减小直连接钢筋长度	L_{ae} 760	800	4D20，1257
PC - L2	增加直连接钢筋长度	$1.4L_{ae}$ 1065	1300	4D20，1257
PC - S	键槽内直连接钢筋锚固措施	$1.6L_{ae}$ 1220	1100	4D20，1257
PC - R	增加直连接钢筋配筋面积	$1.4L_{ae}$ 1065	1100	6D20，1885
CIP	现浇对照组	—	—	2D25 + 1D18，1491

注：L_s 为梁端键槽内设置的连接钢筋的长度；L_u 为预制梁端部 U 形键槽的长度；现浇梁柱底通长钢筋面积与装配式节点 U 形键槽内直连接钢筋的面积基本相同。

在试验构件的设计与试验参数的选定过程中，我们紧密围绕装配式梁柱节点的核心特征与关键设计要素展开，具体考量体现在以下三个方面：

首先，针对键槽内布置的连接钢筋，其锚固长度设计严格遵循锚固连接性能的要求。基于 HRB500 钢筋在三级抗震框架下的基本锚固长度计算公式（$L_{ae} = 38d$），并考虑 1.05 的修正系数，我们确定了连接钢筋的理想长度应至少为 1.4 倍的基本锚固长度。

为全面评估不同锚固长度对节点抗震性能的影响，试验特别设定了连接钢筋长度为 $1.0L_{ae}$、$1.4L_{ae}$ 及 $1.6L_{ae}$ 三种工况进行研究。值得注意的是，随着键槽长度的调整，箍筋加密区也需相应变化。实际操作中，键槽内连接钢筋直径统一为 20 mm，键槽总长度则根据钢筋长度加 50 mm 并取整确定，具体数值为 1300 mm、1100 mm 及 800 mm。

其次，我们注重键槽内部及梁端混凝土预制面的粗糙度处理，设定为 6 mm，以增强新旧混凝土之间的黏结力。预制梁端键槽内采用强度等级高于预制混凝土的 C45 细石混凝土进行浇筑，确保两者协同工作的有效性。同时，针对现浇节点与键槽内连接钢筋的配置，虽原设计为 4 根直径 20 mm 的钢筋，但考虑到梁底钢筋直径较大（25 mm），我们进行了合理替换，采用 2 根直径 25 mm 与 1 根直径 18 mm 的钢筋组合（总面积近似），且保持 18 mm 钢筋通长设置，以确保不影响节点的破坏模式。最终，梁底配筋调整为 5 根直径 25 mm 与 1 根直径 18 mm 的钢筋，其中通长钢筋为 2 根直径 25 mm 与 1 根直径 18 mm 的组合。

最后，鉴于键槽底部连接钢筋面积对节点承载力的重要影响，我们特别设计了预制混凝土梁柱节点与现浇混凝土梁柱节点的对比试验，以探究增加连接钢筋配筋面积对节点抗震性能的具体效应。考虑到连接钢筋位置偏上及新旧混凝土界面可能削弱结构整体性的问题，本试验特别增设了一个配筋为 6 根直径 20 mm 钢筋的试验构件，旨在通过这一强化措施来评估其对节点抗震性能的潜在提升作用。

2. 梁柱边节点试件设计

针对装配式边柱节点试验构件的特殊设计，其中预制柱在节点区域特意保留了未浇筑混凝土的状态，这一设计特征连同梁柱节点处新旧混凝土的交界面处理以及梁纵向钢筋的锚固问题，共同构成了影响装配式梁柱边节点抗震性能的关键因素。为了全面且准确地揭示装配整体式梁柱边节点在受力过程中的破坏模式及其抗震能力，本试验精心策划了一组对比研究，涉及装配式与现浇两种足尺梁柱边节点试验构件。

两组试验构件在尺寸设计上保持了高度的一致性，均设定柱长为 4675 mm（上柱 1600 mm，下柱 2100 mm），梁长为 3850 mm。预制柱与现浇柱的截面尺寸统一为 600 mm×600 mm，而现浇梁及施工完成后的叠合梁截面尺寸则设定为 600 mm×950 mm，以确保试验条件的一致性。

在装配整体式梁柱节点的具体制作过程中，预制梁采用了叠合梁形式，其预制部分高度设定为 650 mm，以便在后续拼装施工中能够便捷地浇筑 300 mm 厚的后浇层，从而完成叠合梁的整体构造。这一设计细节连同试验构件的详细尺寸与配筋方案，共同构成了本次对比研究的基础，我们旨在通过严谨的试验手段，深入剖析装配式与现浇梁柱边节点在抗震性能上的异同。

（三）试验构件破坏模式

（1）现浇与装配式梁柱中节点试验构件破坏模式

装配式梁柱节点的破坏模式典型地体现在预制梁端与柱连接处产生的竖向主裂缝上，这些裂缝在试验加载至破坏阶段时，其宽度显著扩展至 2.5 至 3.5 cm。此现象主要归因于预制梁端部的键槽设计，它有效降低了梁截面的实际有效高度与宽度，从而加剧了应力集中。试验初期，预制梁端与现浇节点交界处即观察到竖向贯通裂缝的形成，随着加载的持续，这些裂缝宽度逐渐加剧，损伤集中于此区域，部分试验构件甚至出现了梁上部纵筋断裂的极端情况。同时，叠合梁端部的现浇混凝土与预制混凝土交界面处产生了水平剪切裂缝，这进一步揭示了连接处的复杂受力状态。加载后期，预制梁下部的牛腿结构虽受到不同程度的损伤，但其作用亦不可忽视，既限制了预制梁绕柱的过度转动，又在一定程度上增强了梁端的抗剪及弯矩承载能力。相比之下，现浇梁柱节点的试验表现则展示了不理想的"强梁弱柱"破坏模式，节点区域主要经历了剪切破坏，凸显了装配式与现浇结构在受力性能与破坏机制上的差异。

（2）中间层边柱梁柱节点试验构件破坏模式

装配式梁柱边节点的破坏机制显著表现为梁端区域产生了显著的竖向裂缝，这些裂缝宽度较大，且其破坏模式与装配式梁柱中节点的破坏模式呈现出一定的相似性。随着加载过程的深入，梁的上部区域出现了箍筋失效的现象，同时伴随着纵筋的断裂，这表明在极端荷载条件下，装配式梁柱边节点的钢筋骨架开始丧失其原有的约束与承载能力。值得注意的是，与现浇节点相比，装配式梁柱边节点在梁端形成的塑性铰区域长度相对较短，这反映了装配式节点在局部变形能力上可能与现浇节点存在差异。

（四）试验构件滞回性能及结论

在装配式梁柱节点的研究中，多项关键发现揭示了不同设计参数对节点性能的影响。首先，节点内连接钢筋长度的变化对承载力的直接影响有限，但其对滞回曲线的饱满度及节点的延性却产生了显著影响，表明钢筋长度是调节节点抗震性能的重要因素之一。其次，在键槽内设置连接锚固箍筋有效增强了附加连接钢筋与预制梁底钢筋的连接和锚固效果，尽管这一措施对极限承载力的直接提升作用不大，却极大地增强了节点的耗能能力，对于提升结构的整体抗震性能至关重要。再次，增加键槽内连接钢筋的配筋面积，成为提升装配式梁柱节点极限承载力的有效途径，试验结果显示，这一调整在正负加载方向上分别带来了约25%和30%的承载力提升，同时，节点的延性和耗能能力也随之显著提升。最后，对比之下，现浇节点虽然因较大的梁截面和良好的整体性能而展现出较高的承载力，但其"强梁弱柱"的破坏模式却不容忽视，节点区域破坏严重，滞回曲线捏缩明显，反映了现浇结构在抗震设计中的潜在挑战。

在装配式梁柱节点中，连接钢筋的锚固性能在节点区域内受到显著限制，加之连接钢筋本身对节点整体性能造成的弱化效应，共同导致了装配式边柱节点的承载能力与耗能能力相较于传统节点出现明显下降。此外，由于牛腿结构的存在，预制梁柱边节点试验构件在承受正反向加载时，展现出了明显的不对称性，这一现象不仅揭示了牛腿作为装配施工关键环节的结构功能，也进一步证明了其对节点抗震性能产生的不可忽视的影响。因此，在设计与评估装配式梁柱节点时，我们必须充分考虑连接钢筋的锚固问题及牛腿结构对节点性能的多方面作用。

第四节　预制混凝土装配整体式剪力墙结构

一、预制剪力墙结构连接构造

预制剪力墙的竖向钢筋连接采用集中约束施工方法时，特别注重细节处理以确保结构稳固性。该方法涉及在下层预制剪力墙的上部预留连接孔道，孔道外围精心布置螺旋箍筋与焊接环箍，以迎接上层预制墙竖向钢筋的弯折伸入。这些钢筋需对称安置于孔道中，与孔壁保持约 20 mm 的间距，以促进灌浆料的均匀填充，实现与上层钢筋的有效搭接。值得注意的是，适用于此连接方式的钢筋直径上限为 18 mm，且预留孔的设计需根据剪力墙厚度灵活调整，确保金属波纹管孔径既满足结构需求又不致过大，具体孔径范围依据墙体厚度（200 mm、250～300 mm）设定了相应的最小值与最大值。

此外，孔道外侧安装的螺旋箍筋其缠绕长度精心计算，确保覆盖预留孔道外径外加 10 mm 的区域，螺距设计则下部紧密（50 mm）上部适度放松（100 mm），以适应不同直径连接纵筋（12～18 mm）的需求，并相应调整螺旋箍筋直径为 6 mm 或 8 mm。对于采用竖向钢筋集中约束搭设的情况，我们还特别要求在暗柱竖向钢筋搭接段内，按不大于钢筋直径 5 倍及 100 mm 的间距加密箍筋与拉筋，以增强局部强度。

竖向钢筋的弯折处理同样关键，其需至少两次弯折且角度控制严格，不得超过六分之一圆周，弯折凸出处务必垂直于楼面，以确保结构平整与传力顺畅。面对现浇连梁或水平后浇带截面高度限制弯折角的情况，预制阶段即需在剪力墙内上端预先完成钢筋弯折，以完美适配后续施工需求。

在预制剪力墙的边缘构件设计中，若某一预留孔需安装四根钢筋，则必须同时增设直径与伸出长度一致的附加钢筋，其总面积占比需达到总钢筋面积的 25% 或以上，且这些附加钢筋应优先布置于预制墙段，并严格遵守锚固长度的规范要求。当剪力墙接缝避开约束边缘构件区域时，我们推荐采用暗柱与翼墙的组合形式，通过集中约束搭接连接预制剪力墙的边缘构件，以增强结构稳定性。

关于预制剪力墙的竖向钢筋布置，集中约束搭设技术提供了两种灵活的连接选项：一是每预留孔配置四根钢筋进行搭设，二是精简为每孔两根钢筋进行搭设。后者在实施时，我们需确保预留孔长度至少 90 mm，螺旋箍筋则以预留孔外径加 10 mm 为基准缠绕，螺距维持在约 100 mm，同时孔道中心间距限制在 720 mm 以内。在设计时，我们需注意未参与连接的水平钢筋不计入分布钢筋配筋率计算，且未连接的竖向钢筋直径下限为 6 mm。

此外，预制剪力墙的底部构造有严格要求，即必须直接坐于现浇剪力墙上，二者间的竖向钢筋连接需严格遵守前述条件，同时现浇剪力墙顶部应设置粗糙面以增强黏结力。预留孔道的成形材料可选用可旋出的金属波纹管，便于施工操作与后期维护。

二、预制剪力墙结构试验研究

(一) 试件设计

本部分聚焦于一种创新的预制剪力墙结构，该结构作为装配整体式建筑的新典范，巧妙运用了特定的节点构造技术。此技术的核心在于每片剪力墙的底部两端与中部均预留有精心设计的孔道，孔道外部以螺旋箍筋紧密包裹，以增强局部强度，同时剪力墙内的受力钢筋自顶端适度伸出，为后续连接预留空间。在实际装配过程中，下层剪力墙顶部的延伸钢筋被精确对准并插入上层剪力墙的预留孔道内，随后通过灌浆作业实现紧密密封，并经历必要的养护周期以达成稳固连接。这一创新连接方式，将传统上需广泛分布于剪力墙全截面的钢筋连接任务，高效集中于少数几个孔道内完成，这不仅显著提升了连接效率，还大幅简化了施工流程。

为验证此连接方式的实际效果，研究团队针对采用此技术的三片预制剪力墙进行了单向加载试验。试验旨在深入探究该连接方式下剪力墙的抗剪传力机制，观察并记录其在不同加载阶段的受力响应与破坏模式，从而全面评估该连接技术的可靠性。通过这一系列试验，我们期望为后续的理论分析提供坚实的数据支撑与试验依据，进一步推动预制剪力墙结构在装配式建筑领域的应用与发展。

1. 试件的设计

本试验所采用的剪力墙试件，其截面精心设计为 1800 mm × 2600 mm × 200 mm 的尺寸规格，顶端加载梁则拥有 250 mm × 250 mm 的截面，且该加载梁的两端精确地与墙体边缘平齐。底部基础梁截面则更为宽大，达到 400 mm × 450 mm，并从墙体两侧各自向外延伸 450 mm，以提供稳固的基础支撑。基础梁内特别设计了五个孔道，每个孔道直径为 140 mm，贯穿高度 760 mm，孔道中心至墙体边缘的距离经过精心布局，依次为 115 mm、300 mm、900 mm、300 mm 和 115 mm，确保加载力的均匀传递。整个试件的高度被严格控制在反力墙与作动器的操作极限之内，以确保试验的安全与准确性。

在钢筋配置方面，墙体纵向受力钢筋选用了直径为 14 mm 的 HRB400 级钢筋，而水平分布钢筋与竖向分布钢筋则统一采用直径 8 mm 的 HRB400 级钢筋。螺旋箍筋直径为 6 mm，材质为 HRB335 级钢，用以增强墙体的抗剪性能。特别地，暗柱内的箍筋直径提升至 10 mm，同样采用 HRB335 级钢，以增强暗柱的约束效应。具体试件参数详见表 4 - 14，其中 WC - 1 作为标准试件，而 WC - 3 与 WC - 4 则通过调整水平分布钢筋的配筋率，与标准试件进行对比分析，以探究不同配筋率对剪力墙性能的影响。此外，预制墙体、加载梁及基础梁均采用了 C35 强度的混凝土进行浇筑，而灌浆材料则选用了比混凝土高一等级的水泥灌浆料，以确保连接部位的强度与密实性。

表 4 - 14 试验试件参数

试件编号	墙宽/ mm	水平分布筋 间距/mm	竖向分布筋 间距/mm	纵向受力 钢筋等级	分布钢筋等级
WC - 1	1800	200	200	HRB400	HRB400
WC - 3	1800	250	200	HRB400	HRB400
WC - 4	1800	100	200	HRB400	HRB400

2. 材料性能

试件的制作过程严格遵循某公司的标准化流程，其中混凝土材料的配制严格依据公司试验室提供的精确配合比执行，确保每次浇筑的质量一致性。为确保混凝土及灌浆料的材料性能，我们每批次均精心预留了 3 个尺寸为 150 mm × 150 mm × 150 mm 的立方体试块，分别用于混凝土与灌浆料的材性试验。同时，针对不同直径与等级的钢筋，我们严格按照试验规范的要求随机抽取 3 根样本进行专项测试。这一系列严谨的取样与试验步骤均遵照材料试验的通用规范执行，为后续分析与研究提供了坚实的数据基础（表 4 - 15、表 4 - 16）。

表 4 - 15 混凝土和孔道灌浆料弹性模量及立方体抗压强度、设计强度

试件编号	设计强度	立方体抗压强度/MPa	弹性模量/ （1 × 10⁴ MPa）
WC - 1	C35	36.6	3.10
WC - 3	C35	37.7	3.11
WC - 4	C35	34.3	3.12
灌浆料	—	41.1	3.10

表 4 - 16 钢筋弹性模量及屈服强度

钢筋直径/mm	6	8	8	10	14	14
钢筋等级	HRB335	HRB335	HRB400	HRB335	HRB335	HRB400
屈服强度/MPa	375	382	467	387	390	479
弹性模量/ （1 × 10⁵ MPa）	2.10	2.09	2.10	2.08	2.09	2.08

（二）监测与加载制度

1. 测点布置

基于本次试验的核心目标，我们精心策划了一系列量测项目，旨在全面捕捉剪力墙在加载过程中的力学行为。这些项目具体包括记录剪力墙顶部的荷载 - 位移曲线，以评估其承载性能与变形特性；监测纵向受力钢筋、水平分布钢筋及竖向分布钢筋的应变变化，深入了解钢筋在受力过程中的应变发展规律；同时，我们还测量了基础梁的水平位移及其两端的竖向位移，以掌握基础结构的稳定性与变形情况；此外，我们密切关注裂缝的萌生与发展，以直观反映试件的损伤演化过程。

在试件浇筑之前，我们预先在钢筋笼的关键位置布置了应变片，这些位置精心选

在了插筋、墙体下部的箍筋及竖向钢筋上，以确保能够捕捉到不同部位钢筋的应变响应。通过实时采集并分析这些应变片的读数，我们可以系统地揭示钢筋在加载条件下的应变演变规律，为解释试验中观察到的各种现象提供坚实的数据支撑。进一步，将不同位置钢筋的应变实测数据进行整合与对比，我们不仅能够从宏观角度把握剪力墙的整体受力状态，还能清晰地描绘出剪力墙内部力流的传递路径及连接处的传力机制，这对于我们初步理解预制剪力墙的抗剪工作机理具有至关重要的意义。

2. 试验仪器及装置与加载制度

本次试验在一所知名大学的结构试验室内顺利进行，实验装备精良，核心仪器包括一台美国制造的 100 吨作动器、DH3816 静态数据采集系统、一套由 60 吨液压千斤顶及其配套油泵构成的竖向加载系统、高精度位移计，以及定制的支架系统。支架结构巧妙，顶部设计为稳固的十字钢梁，直接搁置于剪力墙上作为千斤顶的坚实支撑平台；底部则通过固定螺杆深深锚固于反力墙中，有效遏制了剪力墙在加载过程中的任何滑移倾向。

水平加载任务交由 100 吨作动器承担，该设备由先进的计算机程序精准操控，稳稳安置于剪力墙顶部的加载梁上，并牢固固定于反力墙，确保加载过程的稳定与安全。作动器内置的力传感器实时监测并记录荷载变化，而位移传感器则紧密连接于作动器，精准捕捉位移数据。对于竖向加载，我们采用了两台 60 吨液压千斤顶，它们由高效的油泵系统驱动，通过钢绞线与地锚紧密相连，通过张拉钢绞线为试件施加所需的轴向力。

鉴于试验要求为单向加载，为防止剪力墙在加载过程中发生侧向失稳，我们创新设计了一套侧向约束装置。该装置由一对精密钢梁构成，每根钢梁上巧妙安装了三个可自由滚动的钢球，当装置固定于剪力墙两侧时，这些钢球不仅提供了必要的侧向约束反力，还显著减少了装置与墙体间的摩擦力，效果卓越。此外，为确保安全，我们还特别设计了一种球面支座，用于连接钢绞线端部，允许其在加载过程中发生适量的转动，有效避免了钢绞线在支座处因剪切力过大而断裂的风险。

（三）试验现象与结果

1. 裂缝发展试验现象

以 WC-4 试件为例，我们深入剖析其在不同荷载与位移阶段下的裂缝演化过程。在加载初期，直至达到 280 kN 之前，试件处于弹性阶段，表现出良好的线性响应。当平稳加载至 280 kN 时，试件首次出现可见裂缝，该裂缝位于距离墙底约 820 mm 的高度，长度约为 380 mm，此荷载被确认为试件的实测开裂荷载。随后，随着荷载增加至 300 kN，底部坐浆层开裂，裂缝长度迅速扩展至接近墙体宽度的一半。

当荷载继续提升至 340 kN 时，首条裂缝呈现斜向发展趋势，长度增至 550 mm，同时在墙高 760 mm 处出现一条 250 mm 长的水平裂缝。荷载达到 420 kN 时，位于 720 mm 和 820 mm 处的裂缝合并，并沿斜向进一步延伸，长度几乎达到墙体宽度的一半。继续加载至 460 kN，裂缝发展更为复杂，700 mm 处新现短裂缝，760 mm 处裂缝持续斜向扩展，250 mm 高处又添一条水平裂缝，受拉区下部也出现了小斜裂缝。

至 500 kN 荷载时，首条斜裂缝持续深入发展，同时在 400 mm 和 600 mm 高处分别形成 480 mm 和 600 mm 长的裂缝。荷载增加至 540 kN，950 mm 高处新生成一条长达 1150 mm 的斜裂缝，首条斜裂缝已触及受压区，受拉区坐浆开裂速度加快。

转入位移控制加载阶段，当位移达到 54 mm 时，墙高 1130 mm 和 1320 mm 处新增两条斜裂缝，两条主斜裂缝均向受压区推进，人字形裂缝雏形显现，受拉区开裂持续。位移至 64 mm，人字形裂缝基本成型，其余裂缝发展趋于稳定。位移增至 74 mm，520 mm 高处出现 300 mm 水平裂缝，1450 mm 高处新现斜裂缝，且 1320 mm 处裂缝斜向扩展加速。位移至 84 mm，受拉区显著翘起，400 mm 高处裂缝水平扩展，裂缝系统趋于稳定。当位移达到 94 mm，受压区出现裂缝，1600 mm 高处新增 400 mm 长斜裂缝。最终，在位移达到 134 mm 时，由于剪力墙位移过大，继续加载已不适宜，试验宣告终止。其他试件的破坏模式与 WC – 4 试件相似，均展现了典型的预制剪力墙在加载过程中的裂缝发展特性。

2. 裂缝分布形态

混凝土构件在荷载作用下，其裂缝的发展是一个渐进过程。在正常使用阶段，裂缝初始表现为宽度小、长度短且扩展缓慢，但随荷载增大，裂缝宽度与长度迅速增加，裂缝网络逐渐密布，最终在构件破坏阶段形成一幅清晰的裂缝分布图，该图直观反映了构件的受力状态。裂缝分布具有显著规律性：主要集中在受拉侧中部至受压侧角部的连线以下区域；受拉侧裂缝多呈水平走向，且越趋近受压侧，裂缝倾斜发展的趋势越显著，最终所有主斜裂缝均指向受压区角部汇聚。特别地，剪力墙预留孔道高度范围内裂缝发展相对迟缓，表现为裂缝短且窄；而剪力墙上最宽的裂缝往往首现于预制孔道顶部，作为剪力墙首条明显裂缝，其整个加载周期内发展尤为迅速。

尽管各剪力墙的具体配筋情况存在差异，但它们的裂缝分布特征却展现出高度的相似性。具体而言，剪力墙中部区域通常会形成 3 至 4 条主导性的斜裂缝，这些裂缝起始于受拉侧中部，终止于受压区角部，有效地将墙身划分为数根受压的混凝土棱柱，使得压应力得以通过这些棱柱从受拉侧顺利传递至受压侧角部。此外，当荷载增大到一定程度时，墙体中部还可能出现人字形裂缝，尽管其宽度相对较小，但其成因在于中间孔道内插筋随着荷载增加逐渐发挥作用，产生的强大拉力在周边混凝土区域内形成拉应力场，进而引发混凝土以人字形模式开裂。

3. 荷载位移曲线

在试件 WC – 1、WC – 3 及 WC – 4 的加载试验中，荷载 – 位移曲线的后半段呈现出锯齿状波动，这一现象主要归因于加载控制策略的调整。具体而言，当剪力墙所受荷载达到一定阈值时，为防止作动器过载失控，试验由力控制模式自动切换至位移控制模式。在此模式下，尽管计算机系统精确控制并维持着施加于剪力墙上的目标位移不变，但随着加载进程的推进，剪力墙内部裂缝持续扩展，结构刚度逐渐衰减，导致实际作用在剪力墙上的荷载逐渐减小，这一变化在荷载 – 位移曲线上表现为一系列短小的竖直下降线段。

采用集中约束搭接连接的预制剪力墙，在整个受力过程中展现出了典型的三个阶段特性。初始加载阶段，剪力墙处于弹性工作状态，水平荷载较小，混凝土截面尚未开裂，荷载－位移曲线保持近似直线关系。随着荷载增加至一定程度，钢筋开始屈服，此时荷载－位移曲线出现拐点，位移增速加快而承载力仍持续上升，标志着试件进入屈服阶段，展现出一定的塑性变形能力。随后，随着塑性变形的累积和裂缝的广泛发展，剪力墙达到承载力峰值，随后承载力逐渐下降，而位移则迅速增大，表明试件已进入破坏阶段，最终因严重损伤而丧失承载能力。

分析曲线上的特征点我们可知，剪力墙试件屈服荷载较大，由屈服阶段到极限阶段需要经历较长的过程，且荷载超过峰值后，承载力下降缓慢，从试件屈服至最终破坏，剪力墙发生了一段很长的位移。剪力墙试件屈服荷载和极限荷载如表4－17所示。

表4－17　剪力墙试件屈服载荷与极限荷载

试件编号	WC－1	WC－3	WC－4
屈服荷载/kN	450	450	450
极限荷载/kN	646	630	679

4. 试件应变分析

（1）针对试件WC－1，在浇筑过程中由于振捣操作不慎，部分应变片受损，故后续应变分析中存在数据缺失。该试件在左侧承受推力作用，各应变片数据记录如图4－14所示，分析如下：

在低荷载阶段（小于200 kN），2号与13号应变片（位于同一插筋不同位置）的应变值相近，表明此时孔道内插筋应力水平较低，应变差异不显著。然而，随着荷载增加至200 kN以上，2号应变片的应变增长速度明显快于13号，两者差值扩大，直至荷载达到500 kN后，13号应变片应变才显著增长。此现象揭示了随着荷载增大，插筋应力递增，但力从钢筋传递至灌浆料的过程存在距离效应，导致上部钢筋应变滞后。

对于受压外侧孔道内的10号与18号应变片（同样位于同一插筋不同位置），两者均记录为压应变，且10号应变片的应变增长快于18号。这表明随着荷载增加，插筋承受的压应力增大，力传递过程中的距离效应再次显现，使得下部钢筋应变发展快于上部。类似情况也见于11号与19号应变片之间，这些数据验证了受压侧插筋与灌浆料之间连接牢固，通过黏结应力有效传递力，未出现显著滑移，确保了预制剪力墙受压侧传力的连续性。

值得注意的是，20号、21号及22号应变片在340 kN时应变曲线发生突变，此前应变值均较小且曲线重合。当荷载超过340 kN（试件WC－1实测开裂荷载）后，应变值急剧增大，尤以20号应变片最为显著，因其位置最接近墙体开裂处，裂缝宽度最大。此外，水平分布钢筋上的33至35号应变片在荷载超过500 kN后方展现出较快的应变发展，进一步揭示了不同荷载阶段下钢筋应变的变化特性。

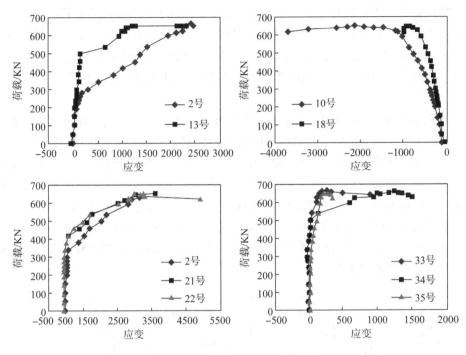

图 4 - 14　试件 WC - 1 钢筋应变

（2）在试件 WC - 3 的试验中，其特别之处在于推力被施加于结构的右侧，这与先前试件的加载方向形成对比，直接导致了受拉区与受压区的位置互换。通过对应变片数据的细致整理与分析（图 4 - 15），我们可以观察到两个关键现象：2 号应变片与 13 号应变片均记录到了压应变，这符合了试件在反向推力作用下的受力状态。进一步比较我们发现，2 号应变片的应变增长速度明显快于 13 号应变片，这一显著差异揭示了受压侧插筋与灌浆料之间牢固且高效的连接性能。两者通过黏结应力实现了力的有效传递，确保了预制剪力墙在受压侧传力路径的连续性与稳定性，展现了该连接技术在复杂受力条件下的可靠性。

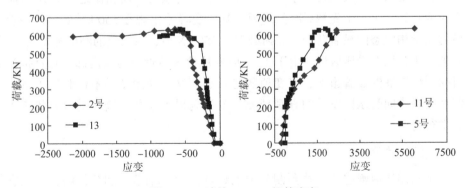

图 4 - 15　试件 WC - 3 钢筋应变

深入分析 5 号与 11 号应变片的数据对比，我们可以发现，在荷载水平低于 250 kN

时，这两片应变片所记录的应变值差异并不显著。然而，随着荷载逐渐攀升并超过 250 kN 的门槛后，11 号应变片的应变值开始显著大于 5 号应变片，显示出在不同位置处钢筋应变的差异化发展。然而，当荷载趋近于极限荷载时，这种差异又逐渐缩小，两片应变片的数值最终均达到了屈服应变，表明在高应力状态下，两者所受的应力水平趋于一致。

（3）在试件 WC - 4 的加载试验中，推力被施加于结构的左侧，针对此次试验，我们系统整理了各应变片的数据（图 4 - 16）。特别值得注意的是，20 号、21 号及 22 号应变片的应变值在荷载达到 280 kN 时发生了显著变化，这一变化点成了一个明显的分界。具体而言，当荷载小于 280 kN 时，这三片应变片的曲线几乎完全重合，且应变数值均保持在较低水平，这表明试件在此阶段处于弹性状态，未发生明显损伤。然而，一旦荷载超过 280 kN，应变数值迅速增大，这一突变现象与试件开裂的直观观察相吻合，从而有力验证了试件 WC - 4 的实测开裂荷载确实为 280 kN 的判断，进一步巩固了试验数据的准确性和可靠性。

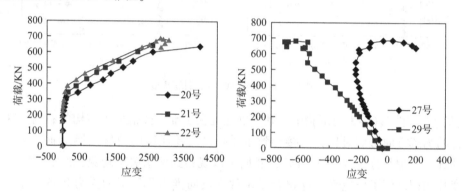

图 4 - 16   试件 WC - 4 钢筋应变

在墙体受压侧布设的 27 号与 29 号应变片，其数据变化揭示了剪力墙在不同荷载阶段的受力特性。具体而言，随着荷载的持续增加，29 号应变片记录的受压应变呈稳步上升趋势，这反映了该区域持续承受并累积压应力的状态。而相比之下，27 号应变片的受压应变则经历了一个先增后减的过程，其应变峰值出现在 550 kN 处，这一现象预示着剪力墙结构状态的显著转变。当荷载超过 550 kN 后，剪力墙的刚度开始明显下降，斜裂缝进一步扩展至受压区域。由于 27 号应变片位置靠近剪力墙内部，它直接受到了这些斜向裂缝扩展的显著影响，应变值随之减小。这一观测结果不仅验证了试验过程中主斜裂缝逐步向受压区发展的直观现象，也深刻揭示了剪力墙在高应力状态下的非线性力学行为。

（四）试验结论

本次试验详尽地阐述了三片预制剪力墙试件的设计细节、加载策略，以及它们在加载过程中裂缝的萌生、扩展直至最终破坏的全过程。通过对这些试验现象的深入剖析，我们可以得出以下结论：

在单向荷载作用下，预制剪力墙的连接部位展现出优异的性能，钢筋间未出现显著的滑移或拔出，表明传力机制合理且可靠。裂缝的发展特征明显，受拉侧下部区域裂缝出现较晚，宽度小且扩展缓慢，多沿水平方向分布；中部斜裂缝则出现较晚但宽度大，发展迅速，常延伸至受压区。尤为值得注意的是，中间孔道附近常形成人字形裂缝模式。在破坏阶段，底部坐浆层的开裂长度被有效控制，未超过剪力墙宽度的三分之二，且未形成贯穿性裂缝。

裂缝分布主要集中在受拉侧中点与受压侧角部连线以下区域，受拉侧裂缝水平分布，随着向受压侧靠近，裂缝逐渐转为斜向发展，并最终汇聚于受压区角部。在预留孔道高度范围内，裂缝宽度相对较小，而最大裂缝则出现在预制孔道的顶部。剪力墙中部形成的主要斜裂缝将墙体分割成若干受压混凝土棱柱，有效传递了从受拉侧至受压侧角部的压应力。

裂缝的发展伴随着剪力墙刚度的逐渐降低，这在荷载－位移曲线上表现为一系列锯齿状波动。采用集中约束搭接连接的预制剪力墙经历了典型的弹性、屈服和破坏三个阶段，其中屈服荷载较高，从屈服到极限状态的过程较长，且超过峰值后承载力下降平缓。从屈服至完全破坏，剪力墙产生了显著的位移变形。

应变分析进一步证实了受拉侧与受压侧插筋与灌浆料之间连接的牢固性，它们通过黏结应力有效传递力，未出现钢筋拔出或严重滑移，保障了预制剪力墙的整体性和传力连续性。受拉孔道和中间孔道内的插筋能够达到屈服状态，受拉侧钢筋的应变发展规律验证了实测开裂荷载的准确性，而分布钢筋的应变变化则与试验中斜裂缝的发展模式相吻合。

第五节　混凝土结构施工方法

一、装配式混凝土结构竖向受力构件的现场施工

（一）预制混凝土柱构件安装施工

预制混凝土柱构件的主要安装施工工序：测量与施工放线→铺设坐浆料→柱结构吊装→定位校正和临时固定→钢筋套筒灌浆施工。

1. 测量与施工放线

在施工过程中，为确保构件安装的精确性与已完工结构的几何准确性，我们必须进行详尽的测量放线工作，并设立明确的施工标记。这一流程涵盖了多个关键环节：首先，每层楼面与主轴线的垂直控制点设置不得少于四个，以确保垂直方向的精确对齐，楼层上的控制轴线则需借助经纬仪，严格从底层原始基准点垂直向上引测，以保证竖向控制线的连续性与准确性。其次，每层必须设置一个引程控制点，以监控水平方向的位移与变形，维护结构的整体稳定性。再次，预制构件的控制线需准确无误地由主轴线引出，确保预制件在安装过程中的精准定位。此外，我们还需精确弹出预制

构件固定位置的外轮廓线，这是指导预制柱安装就位的关键依据，尤其对于边柱和角柱而言，我们更应以外轮廓线作为主要控制基准，以确保其位置准确无误。

2. 铺设坐浆料

在预制柱构件的安装过程中，确保构件底部与下层楼板表面之间形成有效且安全的连接至关重要，因此两者之间不应直接相连，而应设置一个 20 mm 厚的坐浆层，以促进两者混凝土结构的协同作业。坐浆层的铺设时机需精确控制，应在结构吊装前完成但不宜过早，以免坐浆层混凝土过早硬化而丧失必要的黏接强度。理想情况下，坐浆层铺设后的一小时内应完成预制构件的装配工作，特别是在高温或干燥天气条件下，我们更应缩短此时间窗口以防止不良影响。

对于坐浆料的选择与应用，我们需严格遵循一系列技术规范：首先，坐浆料的坍落度应适度控制，不宜过高，市场上常见的 4060 MPa 强度等级的坐浆料，在使用中小型拌和机按指定比例加水搅拌均匀后，我们需确保坐浆完成时表面呈中央略高、四周稍低的形态；其次，采购时我们需与生产商明确浆料中粗集料的最大粒径限制在 45 mm 范围内，并要求坐浆料具备微膨润性特性，以增强黏结效果；再次，坐浆料的强度等级应高于相应预制墙板混凝土的抗拉强度一个等级，且必须满足设计中的强度要求；最后，在铺设坐浆料前，务必清除铺设面的所有杂质，确保坐浆料在预设的立柱安装位置内铺设饱满，为防止坐浆料外流导致厚度不足，可采取在柱安装位置四周设置 50 mm × 20 mm 高的密封条或使用 20 mm 高的垫片来预控坐浆层厚度。

3. 柱结构吊装

在进行柱结构的吊装施工时，我们应遵循既定的顺序，即先角柱、次边柱、后中柱的布置原则，同时，与现浇结构直接相连的柱应优先进行吊装作业，以确保施工流程的连贯性与高效性。整个吊装过程需保持连续性，不可中断，且每次吊装前，我们务必对待吊装结构进行严格的验收检查，同时，对起重设备进行全面细致的审查，特别是要核实预制构件的螺栓孔丝扣是否完整无损，预防吊装过程中可能出现的滑丝脱落问题。针对吊装难度较大的特殊结构，我们还应提前组织空载模拟演练，以增强作业人员的熟练度与应对能力。此外，所有参与吊装的作业人员需在作业前对操作工具进行彻底清点，并填写开工准备登记表，待施工现场管理人员审核确认无误后，方可正式开展吊装施工。在吊装过程中，预制构件的移动必须保持平稳，严禁出现倾斜、晃动或扭曲等不良现象，且应统一采用扁担型吊具进行吊装作业，以确保吊装过程的安全与构件的完好。

4. 定位校正和临时固定

（1）在构件定位校正阶段，若发现构件底部套筒局部未对准，我们应立即利用倒链进行精细的手动微调，确保套筒精准对孔，随后，通过拉绳复核垂直度至预定水平高度，确认无误后，利用预制构件上的预埋螺栓与地面后置膨胀螺栓安装斜支撑杆，复测柱顶高度准确无误后，方可松开吊钩。调整斜撑杆时，需两位工人同步同向操作，分别调整两侧斜撑杆，以确保构件垂直度达标，随后，刮平底部坐浆层，完成垂直度校正。整个过程中，安装设计需严格遵循构件特性，合理规划施工流程，综合考虑空间运输、结构转换、设计调整、精度控制及结构组合等多方面因素，适时构建稳固的空间刚度单元，必要时增设临时支撑结构以辅助施工。对于单个钢筋结构，我们鼓励实施连续浇筑以提升效率。

（2）预制建筑构件装配后，我们需对安放位置、安装高度、垂直度及累计垂直度进行全面校核与微调。构件就位后，我们可借助临时支撑系统进一步优化结构与垂直度的精确度。值得注意的是，施工期间的构件稳定性直接关系到安装质量与精度，因此我们必须采取有效的临时固定措施。这些临时性设施不仅要能承载构件自重、安装过程中产生的压力及风荷载，还需抵御吊装作业带来的冲击负荷，确保构件在整个施工过程中保持形态稳定，避免发生任何永久性变形。

5. 钢筋套筒灌浆施工

钢筋套筒灌浆作为装配式混凝土结构施工的核心环节，其技术在竖向预制构件的连接中尤为重要。实施过程中，我们将灌浆接头套筒的连接端牢固固定于构件底端的钢筋上，同时在预埋端的洞口设置密封圈，确保构件内预埋的连接钢筋能够顺利穿过密封圈并插入灌浆套筒的预埋端。灌浆孔与出浆孔分别设置于套筒两端侧壁，并通过灌浆管与出浆管连接至构件外部，以便于后续灌浆操作。当预制构件组装完毕，套筒下端即成为连接另一构件钢筋的灌浆端。现场安装时，我们将待连接构件的钢筋插入对应套筒，随后从下方灌浆孔注入高强灌浆料，直至灌浆料充盈套筒与钢筋间隙并从所有套筒上部的出浆孔溢出，待灌浆料固化后，即形成坚固的钢筋套筒灌浆接头，实现构件间的有效连接。

确保连接质量的关键在于严格的施工管理，因此套筒灌浆连接需遵循以下原则：一是施工单位应制定包含灌浆施工细节的专项施工方案，明确灌浆套筒位置、安装要求、灌浆材料拌和、施工流程、检验及维护措施，依据接头供应商提供的技术资料与操作规程编制；二是灌浆作业人员需经专业培训后上岗，培训由接头供应商的专业技术人员负责，施工单位根据工程量配备足够数量的合格人员；三是首次施工需选择代表性单体或部件进行试制、试装、试灌，验证施工方法与手段的可行性；四是灌浆套筒与材料的选择必须与接头形式及试验验证结果一致，施工过程中不得随意更换，如需更换，必须提供新材料的检测报告并重新进行技术评审与材料检测；五是灌浆料作为以水泥为基础的敏感材料，存储时需保持干燥、通风并遮阳，以防变质，建议存放于室温环境下。对于竖向钢筋套筒灌浆接头，灌浆作业宜采用压浆法自下而上进行，确保灌浆料从所有套筒的灌浆孔与出浆孔流出后及时封堵，以保证灌浆效果。

（二）预制混凝土剪力墙构件安装施工

预制混凝土剪力墙构件的安装工艺步骤：测量放线→封堵分仓→构件吊装→定位校正和临时安装→钢筋套筒灌浆施工。其测量放线、定位校正和临时安装的施工方法可参考预制梁的施工方法。

1. 封堵分仓

注浆法作为一种创新的构件间混凝土连接技术，其核心在于利用灌浆料通过套筒自然流入并替代原有的坐浆层，从而实现构件间的可靠连接。相较于传统的坐浆法，注浆法显著的优势在于无须担忧吊装前坐浆材料因失水而提前凝固的问题，同时允许在预制构件精准落位后再进行注浆作业，这使得坐浆层厚度的控制更为精准与灵活。

在构件吊装准备阶段，至关重要的是在预定安装位置预先设置 20 mm 厚的垫片，以确保注浆层能够达到设计要求的厚度。此外，为防止灌浆过程中材料外溢，我们需在预制构件的外边缘周密施加密封处理。面对超长尺寸的预制构件，由于注浆材料层相应延长，可能给浇筑质量的控制带来挑战。对此，我们可采用分仓法加以应对，即将注浆材料层合理划分为多个独立段，各段之间以坐浆材料层作为分隔，依据注浆计划逐段实施灌浆作业。这种分仓灌浆策略确保了注浆质量的可控性，同时规定连通区域内相邻灌浆段的间隔不得超过 1.5 m，以维持整体的连接性能与结构稳定性。

2. 构件吊装

在进行预制构件的吊装作业时，我们应优先吊装那些与现浇结构部分直接相连的墙面，以确保施工流程的顺畅与结构的整体稳定性。对于剩余的预制构件，吊装顺序则应遵循外立面优先的原则，即先吊装构成建筑外观主要视面的构件，再逐步向内推进。此外，为了确保预制构件能够精准就位，我们必须在吊装前设置底座调平装置，这一装置的关键作用在于精确调节构件的安装高度，使其与设计标高完全吻合，从而保障整体结构的垂直度与水平度达到规范要求。

3. 钢筋套筒灌浆施工

在灌浆作业开始前，科学合理地选择灌浆孔是至关重要的一步。一般而言，最佳实践是在每个分仓区域的正中央位置选定灌浆口进行灌浆操作，并在灌浆过程中确保该灌浆口被完全且有效地堵塞，以防止灌浆料逆流或外泄。灌浆的具体操作方法遵循与坐浆法相类似的原则，注重操作的连续性与均匀性。灌浆过程需持续进行，直至观察到各个分仓的所有出浆口均有连续、稳定的泥浆流出，这标志着注浆作业已达到预期效果，随后应及时封闭注浆口及所有出浆口，以确保灌浆层的完整性与稳定性。

(三) 装配式混凝土建筑后浇钢筋的施工

装配式混凝土结构竖向构件施工要及时穿插进行边缘构件后浇混凝土带的钢筋安装和模板施工，并同时进行后浇钢筋的施工。

1. 装配式混凝土结构后浇混凝土的钢筋工程

在装配式混凝土结构的施工过程中，确保后浇框架内连接钢筋的准确安装至关重要，其定位需严格遵循相关技术规范，特别是在无具体设计说明时，我们需明确主要承载构件及其主要受力方向的钢筋布置。具体而言，框架节点处柱的纵向受力钢筋应置于内侧，主次梁底部尺寸相同时，次梁底部钢筋应巧妙置于主梁底部钢筋之间，而剪力墙的水平分布钢筋则建议设置于竖向钢筋外侧，并向墙端弯折锚固，同时所有外露钢筋均需保持形态端正，避免扭曲，并在吊装完成后及时校正调整。钢筋套筒灌浆连接的预留钢筋，其定位需借助专业模具精确完成。

此外，钢筋接头的质量亦不容忽视，必须符合既定标准，且可根据实际情况选用直锚、弯锚或机械锚固等方式进行固定。在预制墙板的连接作业中，我们建议先校准水平连接钢筋，随后安装箍筋套，待墙体与竖向钢筋绑扎稳固后再进行箍筋的绑扎，尤其注意加密区应优先采用封闭箍筋以增强结构强度。

针对预制梁柱节点区域,钢筋安装策略同样精细:节点箍筋预先固定于预制钢筋上,随预制柱同步安装;对于预制叠合梁,若采用封闭箍筋,则梁上纵筋可预先穿过箍筋临时固定,再与预制钢筋紧固;若使用开放箍筋,则梁上纵筋需依据现场实际情况进行设置,确保每一步操作都精准到位,以保障整体结构的稳固与安全。

2. 预制墙板间后浇混凝土带模板安装

在墙板间后浇混凝土带的连接施工中,我们推荐采用工具式定型模板支撑系统,该系统通过枪机(预置内螺母)或预留孔拉结的形式,与预制构件实现稳固衔接,既保证了连接的准确性也提升了施工效率。值得注意的是,在定型模板的铺设过程中,我们需特别留意避免遮挡墙板上预留的灌浆孔,确保灌浆作业顺利进行。

对于夹芯板结构,外叶板的加固至关重要,我们可采用螺栓拉结或夹板紧固的方法以增强其稳定性。同时,无论是墙板之间的连接部位还是与定型模板的接合处,我们均应采取严密的密封措施,如使用高性能密封材料,以有效防止混凝土灌注过程中的漏浆现象,保障施工质量。

当采用预制保温性能优越的免拆外墙模板进行支模作业时,我们需严格遵守设计要求,确保预制外墙楼板的尺寸精度及相邻外墙板间拼缝宽度的合规性。施工过程中,我们应确保模板内部的主要结构件紧密衔接,同时辅以可靠的封闭措施,如设置防漏浆屏障,以防止混凝土浇筑过程中的浆液渗漏,从而维护整体结构的完整性与保温性能。

二、预制混凝土等水平受力结构的现场施工

(一)钢筋桁架混凝土叠合梁板安装施工

1. 叠合构件的安装施工

叠合构件的安装施工必须严格遵守一系列规定以确保其质量与安全。首先,叠合构件的基础设置需严格依据工程设计要求或既定的施工方法,支撑高度不仅要满足工程设计标准,还需充分预估并考虑基础施工过程中的自然变形因素。其次,施工过程中的荷载管理至关重要,我们必须确保施工负荷不超出设计允许范围,并采取措施防止单个预制构件承受过大的集中荷载或冲击荷载。此外,叠合构件的搁置尺寸需严格符合设计要求,同时设置厚度不超过 20 mm 的坐浆层及垫块以提供稳定的支撑。

在混凝土施工过程中,对于叠合构件的结合层,我们需检测其粗糙度以确保良好的黏结性能;同时,我们还需仔细检查和校正预制构件外露钢筋的位置与状态。当底板吊装就位后,我们应立即对板底接缝标高进行复核,若发现接缝高度不符合工程标准,应及时调整,必要时可拆除构件重新吊装,并利用可调托座进行精确调整。此外,预制底板的接缝宽度亦需严格遵循设计要求。

最后,叠合构件的支撑结构不得随意拆除,必须等待后浇混凝土强度达到设计规定标准后,方可进行支撑拆除并承受整体施工荷载,以确保结构的整体稳定性与安全性。

2. 叠合梁安装施工

装配式混凝土叠合梁的安装施工工艺,其核心理念与叠合楼板技术一脉相承,旨在通过高效协同的施工流程提升建筑的整体性能与效率。在实际操作中,为了最大化利用施工资源与时间,我们常将相邻的叠合梁与叠合楼板进行一体化架设,甚至将两者的叠合层合并施工,这一策略不仅简化了施工步骤,还有效增强了建筑物的结构连续性和整体稳定性。

在套筒灌浆连接水平钢筋的关键环节中,我们首先需精确地将灌浆连接套筒定位在一端钢筋上,随后确保两端待连接的钢筋均准确就位。其次,我们巧妙地将套筒沿钢筋滑动至两根钢筋的正中位置,使两端钢筋均深入套筒至预设深度。再次,我们通过套筒侧壁的灌浆孔缓缓注入高强灌浆料,直至灌浆料从出浆口顺畅排出,这标志着套筒内部及钢筋间隙已被灌浆料充分填满。待灌浆料完全固化后,两根水平钢筋即实现了牢固的连接,形成了稳定的结构体系。

在进行钢筋水平连接时,全灌浆套筒连接成为不可或缺的选择,它要求每个灌浆套筒必须独立进行灌浆作业,以确保连接质量。灌浆过程中,压浆法被广泛应用,通过在灌浆套筒一侧施加压力,将灌浆料均匀注入,直至另一侧的出浆口流出拌和物,此时我们应立即停止灌浆,以防止过灌。值得注意的是,灌浆套筒的灌浆口与出浆口应朝上布置,确保灌浆料能够稳定上升并完全覆盖套筒内壁的最高点,进一步提高连接的可靠性和耐久性。

在预制梁与既有现浇结构水平钢筋的套筒灌浆连接过程中,安装顺序的把控尤为关键。我们遵循"先主梁后次梁、先低后高"的原则,能够确保结构受力的合理传递与整体稳定性。安装前,我们需精确测量并调整临时支座的高度,以匹配梁底设计标高,并通过柱上弹出的梁边控制线进行精确就位与调整。同时,我们必须确保梁伸入支座的长度及搁置长度严格符合设计要求,以保障结构的承载能力。

鉴于装配式混凝土建筑梁柱节点区域施工环境复杂,作业面狭小且钢筋交错密布,施工难度大,因此在工程拆分设计阶段我们就应充分考虑钢筋布置与倾斜度问题,制定周密的施工方案。吊装设计需紧密依据拆分设计确定的吊装顺序进行,施工过程中我们亦需严格遵守这一顺序,确保施工流程的顺畅与安全。此外,对柱钢筋与梁部位的尺寸进行细致检查,一旦发现与设计不符,我们应立即按照既定工艺方法进行调整,以保障施工质量与设计意图的高度一致。

最后,叠合楼板、叠合梁等叠合构件的后浇混凝土质量是支撑模板拆除的前提,必须待后浇混凝土强度达到设计要求后,我们方可进行模板支撑体系的拆除作业,具体标准可参照相关工程技术规范或设计要求执行(表4-18),以确保结构安全与施工质量。

表 4 - 18 模板与支撑拆除时的后浇混凝土强度要求

构件类型	构件跨度/m	达到设计混凝土强度等级值的百分率
板	≤2	≥50%
	>2，≤8	≥75%
	>8	≥100%
梁	≤8	≥75%
	>8	≥100%
悬臂构件	—	≥100%

（二）预制混凝土阳台、空调板、太阳能板的安装施工

装配式混凝土建筑的阳台设计多样，半封闭式阳台常采用钢桁架叠合板模板，而全预制悬挑式阳台则更常见于某些建筑项目中，同时，空调板与太阳能板也普遍采用全预制悬挑构件形式，这些构件通过伸出的钢筋锚入邻近楼板的叠合层，并利用后浇混凝土实现与主体框架的牢固连接。

针对预制混凝土阳台、空调板及光伏太阳能板等构件的现场施工，其安装施工需严格遵循以下规范：首先，吊装作业应选用专为预制阳台模板设计的吊梁，空调板则可通过吊索进行吊装；其次，吊装前必须进行试吊，确认吊绳预留孔位置无误；同时，工地管理人员与技术人员需熟悉施工图纸，依据吊装流程对构件进行编号，明确安装位置及吊装顺序；吊装过程中需细致保护成品，防止墙面边角受损；施工过程中，阳台板的荷载应控制在 $1.5 \, kn/m^2$ 以内，并确保荷载分布均匀；对于悬臂式的全预制阳台、空调板及太阳能板，因其钢筋绑扎以负弯矩钢筋为主，我们需特别关注钢筋绑扎连接处的正确性，同时在后浇钢筋作业中严防踩踏导致的钢筋位移；最后，预制构件的板底支撑应在后浇混凝土强度完全达到设计要求后方可拆除，且拆除前需确认结构能安全承载上层阳台通过支撑传递的荷载。

第六节 装配式混凝土结构耐久性研究

一、装配式结合界面物质传输性能

（一）装配式混凝土结构结合界面耐久性问题

装配式建筑的组合边界是一个复杂的结构体系，融合了多种混凝土基体、界面层及框架组件。然而，由于边界区域内混凝土基体间材料特性与水化程度的显著差异，导致了显著的变形协调挑战，特别是在承受荷载与收缩作用时，细微裂缝更易萌生。此外，这一薄弱界面层还充当了有害物质渗透的快速通道，加速了界面钢筋的腐蚀过程。腐蚀产物的体积膨胀进一步恶化了组合边界的完整性，削弱了结构在边界区域的

耐久性，甚至可能引发整体结构的性能退化与安全隐患。因此，装配式建筑及其界面连接的耐久性与安全可靠服役能力，对于确保结构工程的长期稳定运行至关重要，它们不仅是延长建筑使用寿命的关键因素，也是推动土木工程领域可持续发展的重要研究方向，承载着巨大的科研探索意义与社会实践价值。

1. 混凝土结合界面的构成

在我国现行的建筑行业标准体系中，《装配式混凝土结构技术规程》（JGJ 1—2014）明确将套筒灌浆连接技术列为装配式结构竖向构件连接的主要方式之一，凸显了其在推动建筑工业化进程中的重要性。《钢筋套筒灌浆连接应用技术规程》（JGJ 355—2015）详尽定义了套筒灌浆连接的技术细节，即通过向金属套筒内插入单根带肋钢筋并灌注灌浆料混合物，待混合物硬化后，形成稳固的整体连接，从而实现钢筋的有效对接与力的传递。该规程不仅规范了套筒灌浆连接所使用的材料标准，还对接头的性能要求、设计原则、型式、检验方法、施工操作流程及验收标准进行了全面而细致的规定。

值得注意的是，采用套筒灌浆连接的混凝土结构，其构造特点在于包含了预制混凝土部分、现浇（后浇）混凝土部分、灌浆层及界面层与界面钢筋等多相复杂组合。这种结构形式相较于传统的现浇混凝土结构，显著特征在于引入了双层混凝土结合界面，这一特殊构造对结构的整体性能、施工质量控制及后期维护提出了更高要求。因此，在实际应用中，我们需严格遵循相关规程，确保套筒灌浆连接技术的有效实施，以保障装配式混凝土结构的整体安全与可靠性。

2. 套筒灌浆连接混凝土结合界面的耐久性问题

通过广泛的工程实践调研，我们深刻认识到设计、施工及管理的不足是导致套筒灌浆连接混凝土结构结合界面缺陷频发的根源。具体而言，当结合界面上方的预制混凝土表面粗糙度过大且未配备排气设施时，界面层内的气体滞留并聚集形成气孔乃至裂隙网络，为侵蚀性介质开辟了入侵的便捷路径。此外，灌浆作业中出浆孔道设计的不合理性常导致灌浆料非预期流失，于孔道内遗留空腔，使套筒直接暴露于恶劣环境，加剧侵蚀风险。这些现象共同揭示了套筒灌浆连接部位作为装配式混凝土结构的薄弱环节，其易受 CO_2、水分、氯离子等环境有害因子的侵蚀，进而触发钢筋锈蚀、混凝土劣化等一系列耐久性问题。

装配式混凝土结构结合界面的耐久性受多重因素交织影响，包括外部环境条件、材料固有属性、界面微观结构、表面粗糙度控制及灌浆密实度保障等。因此，深入探究装配式结合界面上的离子传输机制，特别是氯离子在套筒灌浆连接体系中的渗透路径与规律，对于提升结构整体耐久性、保障长期安全服役具有不可替代的科研价值与实际意义。

（二）套筒灌浆连接混凝土结构结合界面氯离子传输试验研究

1. 试验设计

为了深入探究套筒灌浆连接在混凝土结构结合界面处的氯离子渗透特性，我们精心设计了特定尺寸的墙体试件，其具体规格为 1800 mm（长）×1080 mm（宽）×240 mm（厚）。试件中的纵向受力钢筋选用了直径为 16 mm 的 HRB400 级高强钢筋，而箍筋则采用了直径为 8 mm 的 HRB400 级钢筋，以确保结构的承载能力与稳定性。套筒方面，选用了专为该试验定制的 GT16 型号 JM 钢筋灌浆直螺纹连接套筒，该套筒以其卓越的性能和适配性，成为实现钢筋间高效连接的关键组件。

在混凝土材料的选择上，预制部分采用了强度等级为 C30 的混凝土，以满足预制构件的基本强度要求；而现浇（后浇）部分则采用了强度等级更高的 C35 混凝土，旨在增强结构整体的连接强度与耐久性。混凝土的配合比严格依据相关标准（表 4 – 19）进行配制，确保了混凝土质量的可控性与一致性。

至于灌浆料，本试验严格遵循《钢筋连接用套筒灌浆料》（JG/T 408—2013）的技术规范，选用了以水泥为主要成分，并科学配比细骨料、外加剂等多种材料混合而成的优质灌浆料。这种灌浆料不仅具有良好的流动性和硬化强度，还能有效填充套筒与钢筋之间的微小间隙，形成坚固的连接界面，为试验结果的准确性提供了有力保障。

表 4 – 19　混凝土配合比设计水泥　　　　　　　　　　　　单位：kg/m³

混凝土强度等级	水泥	减水剂	河砂	石子	水
C30	434	6.3	620	1157	189
C35	490	6.6	595	1119	196

试件的整个制作流程在专业的预制构件厂内精心完成，从混凝土的浇筑到振捣环节，均采用了高度自动化的机械设备，旨在确保所有试件在制作过程中达到高度的施工一致性。预制部分的混凝土成型后，经历了标准的 28 天养护周期，随后进行现浇部分混凝土的施工并再次养护 28 天，以确保混凝土达到理想的强度与性能。最终，通过人工精细辅助的灌浆作业，我们圆满完成了试件的全部制作工序。

为了深入研究装配式混凝土结构结合界面处氯离子的传输特性，科研团队采用了一种创新的取样方法，即在界面套筒灌浆区域精确钻取出直径为 100 mm、长度为 240 mm 的圆柱体芯样。同时，为了对比分析，我们还从相同位置钻取了尺寸一致的预制混凝土与现浇混凝土芯样各一组。在此基础上，本试验依托非稳态电迁移技术，设计了一套高效的快速电迁移试验装置，旨在精确模拟并量化氯离子在各类混凝土芯样中的传输行为与路径，为装配式混凝土结构耐久性的提升提供科学依据。

快速电迁移试验遵循一系列精心设计的步骤执行：首先，试件被置于真空容器中，通过真空泵在极短时间内（5 分钟内）将容器内压强降至（1~5）kPa 的极低水平，并维持此真空状态 3 小时。其次，在真空泵持续运行下，我们向容器内注入饱和氢氧化钙溶液以浸没试件，浸没 1 小时后恢复常压，并继续浸泡（18 ±2）小时以确保试件充分饱水。饱水后，取出试件去除多余水分，并维持其处于高湿度（相对湿度 95% 以上）环境中。

再次，试件被妥善安装，利用螺杆将两试验槽与试件紧密夹紧，接触端用玻璃胶密封，试件表面涂覆环氧树脂以增强保水性能。待玻璃胶完全固化（约 24 小时）后，我们向与电源负极相连的储液槽中注入质量浓度为 3.0% 的 NaCl 溶液，同时向正极储液槽内注入浓度为 0.3 mol/L 的 NaOH 溶液。

最后，启动电源，设定并维持电压在（60 ±0.01）V，待电流稳定后记录初始电流值 I_0（mA）及正极溶液初始温度 T_0（℃）。通电持续 8 天后，记录终止时的电流值 I_1

（mA）及正极溶液最终温度 T1（℃），之后切断电源。

试验结束后，试件被取出清洗并沿轴向劈开，劈面即刻喷涂 0.1 mol/L 的 $AgNO_3$ 溶液作为显色指示剂。等待 15 分钟后，我们使用防水笔精确描绘出氯离子的渗透轮廓线，测量其距试件底面的距离至 0.1 mm 精度。

值得注意的是，现浇混凝土试件的氯离子渗透轮廓线因大骨料的存在而呈现不对称性，导致测量偏差较大。相比之下，预制混凝土试件的渗透轮廓线则基本对称。在相同条件下，C35 现浇混凝土中的氯离子扩散深度显著小于 C30 预制混凝土。对于界面混凝土试件，灌浆层的氯离子扩散深度位于预制与现浇混凝土之间，特别是在现浇混凝土与灌浆层界面处，氯离子扩散加速形成传输峰，表明相间传输对界面两侧一定范围内的氯离子扩散具有促进作用，该峰的宽度直接反映了相间传输的影响范围。

2. 试验结果分析

根据实际测得的各试件尺寸、试验温度、氯离子扩散深度等参数，我们采用下列公式计算氯离子的非稳态扩散系数（图 4 - 17）。

$$D_{room} = \frac{0.0239 \times (273 + T)L}{(U - 2)t}\left(X_d - 0.0145\sqrt{\frac{(273 + T)LX_d}{U - 2}}\right) \quad (4-5)$$

式中，D_{room} 为混凝土的非稳态氯离子迁移系数；T 为阳极溶液的初始温度和最终温度的平均值，℃；L 为试件的厚度，mm，精确到 0.1 mm；U 为试验电压，V；t 为试验持续时间，h；X_d 为氯离子渗透深度的平均值，mm，精确到 0.1 mm。

装配式混凝土结构中，采用套筒灌浆连接的结合界面是一个复杂的多相组合体，涵盖了预制混凝土部分、现浇（后浇）混凝土部分、灌浆层、界面层及界面钢筋等多个组成部分。深入分析氯离子扩散系数（图 4 - 17），我们可以明显观察到界面层的氯离子扩散系数显著高于现浇/预制混凝土部分及灌浆层，这一现象深刻揭示了界面层在耐久性方面所扮演的关键角色。其根本原因在于设计、施工及管理过程中的种种不足，导致了界面层区域大量气孔、裂隙等缺陷的形成，这些缺陷为氯离子的渗透提供了直接而便捷的路径，加速了有害物质的侵入过程。因此，我们可以明确地说，在装配式混凝土结构的套筒灌浆结合界面中，界面层是影响整体结构耐久性的至关重要的一环，其性能的优化与提升对于保障结构长期安全服役具有不可估量的价值。

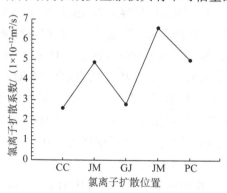

图 4 - 17　氯离子扩散系数

图 4-17 中，CC 为现浇混凝土部分，JM 为界面层，GJ 为灌浆层，PC 为预制混凝土部分。

二、预应力混凝土装配整体式框架结构的时变抗震性能

（一）锈蚀十字形梁柱节点抗震性能

预制混凝土框架结构以其卓越的梁、柱构件制作与施工质量控制优势而著称，然而，其预制构件间的接缝区域却成了氯离子侵蚀的敏感地带，且该区域的锈蚀进程深受结构设计与施工细节的影响。遗憾的是，尽管这一挑战显著，但学术界对于锈蚀影响下装配式混凝土框架结构的抗震性能尚缺乏全面而系统的研究。鉴于此，我们聚焦于锈蚀装配式混凝土十字形梁柱节点的抗震表现，通过精心设计的试验，深入剖析了这些节点在承受地震作用时的承载能力、耗能效率及破坏模式等关键性能指标，以期填补这一研究领域的空白，为提升锈蚀装配式结构的抗震安全性提供科学依据。

1. 试验目的

梁柱节点作为结构体系中的关键枢纽，其核心功能在于有效传递与合理分配内力，确保整体结构的稳固性，其力学表现直接关联到内力在结构中的分布效率。尤为重要的是，梁柱节点的延展能力与抗震性能是衡量整个结构抗震稳健性的基石，对于抵御地震等自然灾害具有不可替代的作用。然而，钢筋的锈蚀现象作为结构老化的一个重要因素，会不可避免地导致节点性能的逐渐退化，进而削弱结构的耐久性和长期抗震效能。鉴于此，我们聚焦于通过低周反复加载试验，深入剖析五个不同锈蚀程度的十字形梁柱节点试件，旨在揭示预应力混凝土装配整体式框架梁柱节点在承载力、延性表现、耗能效率等方面的退化规律，为提升结构耐久性与抗震设计提供科学依据。

2. 试验设计

（1）试件设计概览：本次试验的核心节点试件源自一实际预应力混凝土装配整体式框架结构的中层中节点组合体，设计依据为该结构的详细工程图纸，并依据试验需求进行了适应性调整。试件的具体尺寸包括梁截面 250 mm×450 mm、柱截面 400 mm×400 mm，梁段与柱段长度分别为 1500 mm 与 1850 mm，整体尺寸精确控制在试验反力架的承载范围内。钢筋配置方面，梁上部纵筋采用直径 18 mm 的 HRB400 级钢筋，保护层厚 50 mm；梁节点 U 形钢筋直径亦为 18 mm，保护层厚 60 mm；预应力筋则选用直径 12.7 mm 的 1860 级钢绞线，保护层厚 67 mm；柱主筋保护层厚度为 25 mm。混凝土强度上，预制梁、柱为 C40 级，后浇部分为 C45 级。此外，梁柱纵筋及 U 形钢筋均采用 HRB400 级，箍筋为 HRB335 级。试验的关键设计变量是梁柱节点锈蚀区域钢筋的锈蚀率，设定为 6%、12%、18%、24%、30% 五个等级，对应试件编号 J-450-6 至 J-450-30。

（2）加速锈蚀试验方法：鉴于东南大学对未锈蚀节点抗震性能的深入研究指出梁端为常见破坏位置且 U 形连接钢筋作用显著，本试验聚焦于梁端 550mm 区域进行加速

锈蚀处理。为模拟真实锈蚀环境，我们采用"通电/干湿循环"法，周期设定为 7 天（湿 4 天/干 3 天）。湿周期中，我们利用 5% NaCl 溶液浸湿的海绵与不锈钢网覆盖锈蚀区域，持续监测电流稳定性并适时补充盐溶液；干周期则断开电源，移除覆盖物，让区域自然干燥。锈蚀电流密度固定为 $200\mu A/cm^2$，我们通过铜导线将目标区域内的梁顶纵筋、U 形钢筋、钢绞线及箍筋串联后接入直流电源阳极，不锈钢网作为阴极。

（3）加载机制与设备说明：试件达到预定锈蚀率后，进入低周反复加载试验阶段。加载遵循荷载—变形双控原则，逐级增加荷载，加载装置设定梁端向下的力为正向加载，反之则为反向加载。此加载制度旨在全面评估锈蚀节点在地震模拟条件下的承载能力、耗能效率及破坏特性。

3. 试验结果分析

（1）锈蚀结果与分析：在试件加载流程完成后，我们随即进行了破坏性分析处理，以便精确取出预定的锈蚀区域钢筋样本。针对这些样本，我们严格遵循《普通混凝土长期性能和耐久性能试验方法》（GB/T 50082—2009）中确立的标准流程，对钢筋的锈蚀率进行了细致统计与测量。通过这一系列严谨的测试手段，我们获得了钢筋的实际锈蚀率数据（表 4 - 20）。分析数据显示，实测锈蚀率普遍低于基于法拉第定律所估算的理论锈蚀率，这一偏差的产生主要归因于两个因素：一是尽管试验过程中已力求电流供应的稳定性，但在夜间时段仍难以完全避免电流波动，导致预设电流值未能持续达标且无法即时调整；二是盐溶液的扩散作用超出了预期范围，使得锈蚀影响区域有所扩展，进而引发了部分非目标区域钢筋的意外锈蚀现象。

表 4 - 20　十字形梁柱节点钢筋锈蚀率统计

试件编号	梁顶纵筋锈蚀率，η_i	梁底 U 形钢筋锈蚀率，η_u	箍筋锈蚀率，η_t	钢绞线锈蚀率，η_e	试件整体锈蚀率，η_s
J - 450 - 6	2.65%	3.04%	11.50%	1.12%	4.68%
J - 450 - 12	3.14%	6.21%	20.13%	1.79%	8.09%
J - 450 - 18	6.14%	9.45%	28.25%	2.45%	12.07%
J - 450 - 24	16.05%	13.15%	40.13%	2.35%	18.82%
J - 450 - 30	19.34%	14.21%	63.11%	4.21%	25.78%

尽管我们采用了通电加速锈蚀技术，试件内部钢筋的锈蚀程度仍显著受到其位置因素的影响。统计分析表明，在同一试件中，不同位置钢筋的锈蚀率遵循一定的规律，即由高到低依次为箍筋、梁顶纵筋、梁底 U 形钢筋、钢绞线。这一顺序恰好与钢筋保护层厚度的逆序相吻合，即钢绞线保护层最厚（67 mm），随后是梁底 U 形钢筋（60 mm）、梁顶纵筋（50 mm），最后是箍筋，其保护层厚度相对较小。这一现象表明，在外裹海绵通电加速锈蚀的条件下，保护层越薄的钢筋越容易发生锈蚀，且锈蚀率越高。

观察加速锈蚀后的试件表面，我们可以清晰地看到锈蚀产物的溢出与积累现象。

随着锈蚀率的攀升，表面锈蚀产物日益增多，并在锈蚀裂缝周边堆积，形成明显的锈蚀痕迹。试件的锈胀裂缝也随腐蚀程度的加深而变得更加显著，裂缝长度增加，宽度扩大。由于梁顶纵向钢筋的保护层厚度小于梁底 U 形钢筋，因此梁顶区域的锈蚀开裂情况更为严重。在低锈蚀率阶段，裂纹主要集中在梁顶纵向钢筋和深底 U 形钢筋位置附近。然而，随着锈蚀率的进一步上升，混凝土表面开始出现并扩展横向裂纹，导致混凝土保护层鼓胀、剥落，严重影响了试件的外观与结构完整性。

（2）失效模式：试验过程中，试件展现出典型的弯曲破坏失效模式，其特征在于载荷作用下，主要开裂集中在试件的键槽区域。针对发生弯曲破坏的试样，主裂缝明确出现在梁的根部位置，尽管此裂缝本质上属于剪切裂缝，但在梁根部周边区域还密集分布着众多微小裂纹，这进一步印证了弯曲破坏的复杂性与严重性。值得注意的是，随着钢筋锈蚀率的攀升，混凝土在加载过程中的破碎与剥落现象愈发显著，且同一试件中，梁底混凝土的破坏程度显著重于梁顶，这一现象可归因于梁顶配置有连续的纵向钢筋，有效增强了该区域的抵抗能力，而梁底由于钢筋布置不连续，导致在反向加载时变形更为剧烈，从而加剧了混凝土的破坏。

（3）滞回曲线：试件的滞回曲线，作为多次循环加载结果的直观展现，由一系列紧密相连的滞回环构成，这一曲线形态深刻揭示了结构构件在反复荷载作用下的综合力学性能，包括强度、刚度、延性及耗能能力等关键指标，它们是评估试件抗震性能不可或缺的基础。

通过对比分析各试件的滞回曲线，我们可以总结出以下显著规律：首先，在试件未达到明显屈服点之前，滞回环相对不明显，但随着钢筋锈蚀率的上升，即便在屈服前阶段，滞回环也开始显现并逐渐增大，这主要归因于锈蚀导致的锈胀开裂现象加剧，进而影响了钢筋与混凝土原有的弹性工作特性。其次，随着加载位移的递增，荷载达到峰值后开始回落，与此同时滞回环不仅尺寸增大，形态也趋于饱满，预示着结构进入了一个更加耗能但稳定性渐失的阶段，直至破坏前夕，滞回环常展现出明显的不稳定迹象。再次，纵筋锈蚀率的攀升直接导致滞回曲线整体饱满度下降，即便在相同位移下，滞回环的饱满程度亦有所衰减。最后，由于梁顶与梁底钢筋锈蚀程度的不均衡及结构本身的不对称性，试件在正反向加载下的受力响应存在显著差异，两个加载方向上的破坏几乎不会同步发生，且随着锈蚀率的增加，这种不对称性及其对抗震性能的不利影响愈发凸显，特别是在负向加载时，滞回性能的劣化速度更为迅猛。

（4）骨架曲线：在反复荷载试验中，通过对各试件每一加载级别下首次循环的峰值点进行连线，构建骨架曲线并进行对比分析，我们揭示了以下关键规律：首先，在初始低荷载阶段，钢筋锈蚀率对试件承载力的影响相对有限。然而，一旦试件进入明显的屈服阶段，锈蚀率对承载力的削弱作用便显著增强，具体表现为随着锈蚀率的上升，试件承载力出现显著下降。其次，锈蚀率对梁底承载力的影响尤为突出，其下降速度随锈蚀率的增加而加快，当试件整体锈蚀率达到特定阈值（如试件 J－450－30 的

25.78%）时，梁底承载力在达到较小峰值后迅速转为直线下降模式，退化迹象极为明显。再次，对比梁顶与梁底的承载力退化特征，梁顶在达到峰值后继续加载时，其承载力退化相对平缓，这得益于梁顶纵筋沿全长连续配置，即便锈蚀区域黏结性能受损、截面缩减，两端未锈蚀区域仍能提供有效的锚固支持。相反，梁底因采用特殊的 U 形钢筋连接设计，一旦 U 形钢筋因锈蚀丧失黏结性能且箍筋约束减弱，U 形钢筋与混凝土间的协同作用急剧下降，导致梁底承载力在峰值后随位移增加而迅速退化。

（5）延性：试验结果明确指出，梁柱节点的键槽区域底部是其结构中的薄弱环节，该区域的损伤积累最终触发了节点的失效破坏，尤其是在反向加载条件下表现尤为显著。鉴于此，本研究专注于节点反向延性系数的分析。图 4 - 18 直观展示了各试件的反向延性系数变化趋势。有趣的是，对于前四个试件而言，尽管锈蚀率较高的试件在直观上预期会有较差的延性表现，但实际上却展现出了相对更佳的延性特征。这一现象可归因于混凝土损伤与钢筋锈蚀共同作用下，对试件的屈服位移产生了较为显著的影响，而对极限位移的影响则相对有限。因此，在轻至中度锈蚀范围内，结构延性或许并非评估预应力混凝土装配整体式框架结构抗震性能的理想指标。然而，对于锈蚀率近30%的试件 J - 450 - 30，其延性系数的显著下降则揭示了重度锈蚀对极限位移的负面影响可能远超屈服位移，直接导致结构整体延性的降低，这很可能与加载过程中一根 U 形钢筋的断裂直接相关。

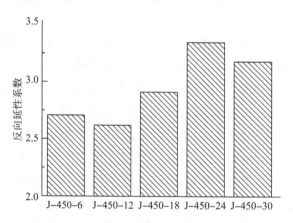

图 4 - 18 十字形梁柱节点延性系数对比

（6）能量耗散：为了界定结构的失效状态，我们设定了一个明确的判定标准，即将承载力下降至其极限承载力的85%作为结构失效的阈值。进一步观察我们发现，随着腐蚀程度的不断加剧，结构的累积能量耗散能力呈现出显著的指数型衰减趋势，这表明腐蚀对结构耗能性能的负面影响是极其严重的。在此背景下，相较于传统的延性系数指标，耗能耗散指标因其能够更全面地反映预应力混凝土装配整体式框架结构在时变过程中的抗震性能变化，而被认为是一个更为适宜和准确的评估工具。

（二）锈蚀预应力混凝土装配整体式框架结构抗震性能的有限元模拟

1. 研究目的

依托 ABAQUS 这一强大的数值模拟平台，我们成功构建了一个创新的数值分析框架，该框架通过集成自定义的锈蚀钢筋本构模型与生死单元技术，有效模拟了结构在锈蚀作用下的损伤演化过程。这一方法不仅精准刻画了预应力混凝土装配整体式框架结构在锈蚀影响下的力学性能变化，还为我们建立了一套系统的数值模拟流程，用于评估此类结构的耐久性挑战。通过将模拟结果与试验结果进行细致比对与验证，我们确认了该数值模型的可靠性，为深入探索装配式结构随时间推移的抗震性能变化奠定了坚实的理论基础与技术支持。这一研究成果对于提升装配式建筑结构的长期安全性与耐久性具有重要意义。

2. 材料本构

本研究在构建材料模型时，针对混凝土采用了 ABAQUS 软件内置的混凝土塑性损伤本构模型，该模型基于我国《混凝土结构设计规范》（GB 50010—2010）推荐的受压与受拉单轴应力 – 应变关系，旨在提高模拟在钢筋混凝土结构抗震性能分析中的可操作性和准确性。对于钢筋材料，本研究借鉴了 Clough 等 1966 年提出的经典双线性滞回模型，该模型的显著特征在于其再加载刚度退化机制及最大位移点指向原则，即反向加载时路径追踪至该方向历史最大应变点，若该方向尚未屈服，则指向屈服点。此模型因其在模拟受弯钢构件及钢筋混凝土中普通钢筋与钢骨行为的卓越表现而广受认可。

此外，基于 Clough 模型的核心思想，清华大学曲哲进一步提出了一种创新的钢筋强度退化模型，通过公式 4 – 16 与 4 – 17 具体量化，该模型巧妙地将循环加载过程中累积损伤导致的混凝土受弯承载力衰减、钢筋混凝土界面黏结滑移等多重复杂因素，综合反映为钢筋屈服强度的逐步退化，为深入理解和评估结构在长期循环荷载下的性能变化提供了有力工具。

$$f_{yi} = f_{yi}\left(1 - \frac{E_{eff,i}}{3f_{y1}\varepsilon_f(1 - \alpha)}\right) \geqslant 0.3f_{y1} \qquad (4 - 16)$$

$$e_{eff,i} = \Sigma\left[E_i \times \left(\frac{\varepsilon_i}{\varepsilon_f}\right)^2\right] \qquad (4 - 17)$$

式中，f_{yi} 表示第 i 个加载循环的屈服强度；$e_{eff,i}$ 为第 i 个加载循环时的有效累积滞回耗能；E_i 为第 i 个循环所达到的最大应变；ε_i 为第 i 个循环所达到的最大应变；α 为屈服后的刚度系数；ε_f 为钢筋混凝土构件在单调加载下达到破坏时的受拉钢筋应变。

基于上述模型，我们利用有限元软件 ABAQUS 的用户定义材料子程序（UMAT）对锈蚀钢筋的滞回性能进行了编译，其中有四个变量，即弹性模量、泊松比、初始屈服强度和屈服后的刚度系数（α）。

钢筋锈蚀将会导致钢筋本构关系的特征参数值发生退化，本研究将采用中南大学罗小勇教授提出的循环荷载下锈蚀钢筋本构关系的特征参数值（式 4 - 8）。根据式 4 - 8，我们在算法子程序中输入不同锈蚀程度钢筋的变量参数从而实现锈蚀钢筋滞回本构模型的建立。

$$f_{yc} = (1 - 0.339\eta)f_y$$
$$f_{uc} = (1 - 0.075\eta)f_u$$
$$E_c = (1 - 1.166\eta)E_0 \qquad\qquad (4-8)$$

式中，f_{yc}、f_{uc}、E_c 分别为锈蚀钢筋的屈服强度、极限强度、弹性模量；η 为钢筋锈蚀率；f_y、f_u、E_0 为钢筋未锈蚀时的屈服强度、极限强度、弹性模量。

3. 有限元模型的建立及验证

（1）材料模型参数：钢筋及混凝土的材料参数按照材性试验得到的实际结果进行取值。我们将钢筋实测锈蚀率带入式 4 - 8 求得钢筋 UMAT 子程序对应的参数，屈服后刚度系数 α 取值为 0.001。

（2）接触设置：在 ABAQUS 进行实体单元分析的过程中，为精确模拟不同部件间的接触力学行为，我们采用了 "Surface - to - surface contact" 接触单元。针对法向接触特性，我们遵循"硬"接触原则，这意味着当两个实体单元表面紧密贴合，即接触间隙缩减至零时，接触面将根据设定的边界条件产生相应的接触挤压效应。反之，若挤压作用力减弱至零或转为负值，通过软件的灵活参数配置，我们可实现接触面的自动分离，以反映真实的物理分离状态。至于切向接触行为，鉴于本模拟特别关注混凝土接触面的水平摩擦效应及竖向挤压与开口位移特性，我们选择了"罚"摩擦模型作为切向接触处理策略。此模型不仅能够有效模拟滑动摩擦，还能通过调整罚函数参数来精确控制切向力，从而全面捕捉接触面在切向方向上的复杂力学响应。我们的模拟设置兼顾了法向与切向接触行为的精准模拟，确保了分析结果的可靠性与准确性。

（3）钢筋混凝土的接触设置：在进行钢筋混凝土的有限元分析时，存在分离式、嵌入式及分布式三种主流的建模方法。鉴于本研究采用的钢筋本构模型已经全面纳入了累积损伤效应对混凝土受弯承载力的削弱作用，以及钢筋混凝土界面间的黏结滑移等复杂因素，我们决定采用分离式模型作为本模拟的基础框架。在此框架下，我们将钢筋嵌入混凝土基质中，确保钢筋节点的自由度与周围直接接触的混凝土节点自由度完全耦合，从而实现两者在力学行为上的紧密协同，进而更加精准地模拟实际工程中的钢筋混凝土结构性能。

4. 有限元模型及数值模拟结果验证

（1）有限元模型：有限元模型按照试件的实际尺寸建立。有限元模型中混凝土间触面位置如图 4 - 19 所示。

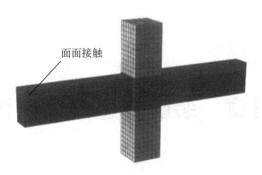

面面接触

图 4－19　有限元模型中混凝土间接触面位置

（2）数值模拟结果验证

数值分析滞回曲线与试验实测滞回曲线吻合较好。

第五章　装配式建筑项目管理

第一节　装配式建筑项目组织管理

在装配式建筑项目管理中，组织管理占据着至关重要的地位。它不仅涵盖了项目管理机构的构建与高效运作，还涉及团队凝聚力与协作能力的提升，以及企业内外资源的有效整合与协调，以确保项目能够顺畅推进。相较于传统的现浇建筑项目管理模式，装配式建筑项目因其特殊性与复杂性，更加依赖一支专业化的管理团队。这支队伍需具备深厚的专业知识、卓越的协调能力和敏锐的洞察力，以加强企业内部及企业间的沟通协作，精准把控项目进程中的每一个环节，从而全面达成工期、成本、质量、安全、文明施工及环境保护等多元化项目目标。

一、装配式建筑项目组织管理

项目管理机构，即项目经理部，是一个由领导机制、部门设置、层级界定、职能分配、规章制度、工作流程和内部信息管理系统等多个要素有机融合的整体。这一机构是专为施工项目管理而设立的，旨在通过一系列精心组织的活动，确保项目管理任务的顺利执行与达成。施工项目管理组织不仅包括了上述机构本身，还涵盖了为实现项目管理目标所开展的所有组织工作，共同构成了一个高效、协同的运作体系。

（一）施工项目组织形式

施工项目的组织形式多样，包括但不限于工作队式、部分控制式、矩阵式、事业部式、直线型及垂直职能型等。这些模式各具特色，适用于不同场景。对于装配式施工项目而言，其管理组织机构的设置是一个综合考量的过程，它不仅紧密关联着施工项目的具体性质与规模大小，还深受建筑施工企业内部的项目管理习惯及整体经营管理模式的影响。因此，在构建装配式施工项目的组织机构时，我们需全面分析项目特点，结合企业实际情况，选择最为适宜的组织形式，以确保项目管理的高效与顺畅。

（二）施工项目经理部

1. 项目经理部的定义

项目经理部，作为施工公司支持下的关键部门，专门负责施工项目的全面管理。这一部门在建设项目现场扮演着至关重要的角色，作为一次性的施工管理单位，它贯穿于设计至竣工的整个项目周期，确保施工与运营的质量管理无懈可击。在项目经理部的统筹下，所有工程单位紧密围绕项目经理的领导力，接受并落实上级职能部门的指导、监督、检查、管理及评价，同时，对项目资金实施精准高效的利用与动态监控，确保资源的最优配置与项目的顺利推进。

2. 项目经理部的作用

项目经理部自项目启动至竣工，全面负责施工企业的整体施工运行管理，既对施工层实施监管，又提供必要保障。作为项目经理权力的延伸，它汇集关键信息，为项目经理的决策提供坚实支撑，致力于实现项目经理设定的目标，并向项目经理承担全面责任。项目经理部本质上是一个高效的项目管理团队，其核心使命是确保公司管理要求的全面落实，达成项目管理的根本目标。

3. 建立项目经理部的基本原则

在项目管理实践中，我们遵循以下原则来构建和优化项目经理部：首先，依据既定的工作管理方式，我们建立起项目经理部的框架；其次，根据建设项目的具体范围、复杂程度及专业要求，我们精心设计项目经理部的结构与职能。随着项目的逐步推进，我们灵活调整项目经理部的配置，以确保其始终与项目需求相匹配。

4. 项目经理部的组织机构层次

工程项目的独特性决定了其施工管理组织的三层级架构：指挥决策层、项目管理层与施工作业层。指挥决策层由公司高层及关键部门主管组成，他们运用系统控制理论，全方位策划、组织、监督、控制并协调建筑施工项目的各个环节，确保项目顺利推进。项目管理层则根据项目特性，依托统一的项目方案，设立涵盖施工、质量、安全、信息、合同、财务等多领域的专业部门，由项目质量总监及项目管理、技术负责人领导，共同保障工程建设的各项功能高效实现。至于施工作业层，它根据工程实际需求灵活组建，由技术班组长与技术员引领，涵盖传统建筑工种及预制装配式施工特有的机械安装、起重、灌浆等专业技能人员，共同应对装配式建筑的特殊挑战，确保施工任务的圆满完成。

5. 项目管理制度

施工项目管理制度是建筑项目经理部为确保建筑施工管理总体目标的实现与施工任务的圆满完成而构建的内部责任管理体系与规范集合。该体系涵盖了两大核心要素：责任管理制度与规章制度。责任管理制度聚焦于机关、单位及工作人员，明确了各级主体的社会责任、考评标准、工作权限及协作要求，旨在构建一个权责明晰的管理框架。而规章制度则更为广泛，它为社会活动及行为主体设定了不可逾越的准则与原则，要求所有参与者严格遵守，以确保活动的有序进行。

在建立施工项目管理制度时，我们遵循以下原则：首先，制度必须紧密围绕国家法律、法规、政府部门规定、国家标准及技术要求，确保合法合规；其次，制度应实事求是，紧密贴合本项目的实际建设管理需求；再次，制度应在企业现有管理制度的基础上，进行针对性设计与完善，确保各类规定完整齐全、覆盖全面，从而构建起一个完善的管理系统；最后，制度的实施、调整与撤销均需遵循规范程序，以保障制度的严肃性与灵活性。

二、建筑工程项目组织协调、沟通与冲突管理

(一) 组织协调

协调，作为连接、整合与调整各类活动的关键能力，是施工企业专业管理中不可或缺的一环。它贯穿于项目管理的始终，旨在清除障碍、化解主要矛盾，保障项目目标的顺利达成。工程项目建设总监部需依据项目发展的不同阶段及特定挑战，灵活且高效地开展组织协调工作，确保信息的及时流通与共享，有效缓解冲突，激发企业内外的积极性与潜能。对于装配式建筑项目而言，其组织协调的广度与深度远超传统现浇建筑项目，要求更高水平的资源整合与协作能力，以全面提升项目组织的整体效能，确保施工活动的顺畅进行，最终圆满实现项目建设目标。

1. 组织协调的范围和层次

组织协调可以分为组织内部关系协调和组织外部关系协调，组织外部关系协调又分为近外层关系协调和远外部关系协调（表 5-1）。

表 5-1　项目组织协调的范围和层次

协调范围	协调关系		协调对象
组织内部关系协调	领导与被领导关系 业务工作关系，与专业公司的合同关系		项目经理部与企业之间 项目经理部内部部门之间、人员之间 项目经理部与作业层之间、作业层之间
组织外部关系协调	近外层关系协调	直接、间接合同关系或服务关系	本公司、建设单位、监理单位、设计单位、供应商、预制构件生产厂家、分包单位等
	远外部关系协调	多数无合同关系但要受法律、法规和社会公德等约束	企业、项目经理部与政府、环保、交通、环卫、绿化、文物、消防、公安等

2. 组织协调的规定

为了构建高效、和谐的施工管理体系，公司首先应建立健全的组织协调管理制度，明确工作流程与管理规范，为项目管理奠定坚实的制度基础。针对每个项目的独特性，企业应精心设计管理组织架构，合理配置人员资源，确保组织结构的规范化、精简化与高效化，以灵活应对项目中的各种挑战。

项目经理部作为项目管理的核心，需具备前瞻性思维，针对潜在的或已显现的冲

突与不一致情况，建立预警机制与信息共享平台，通过预先通知与及时沟通，有效预防和化解内部矛盾，促进团队内部的和谐统一。同时，项目经理部应具备敏锐的问题识别能力，一旦发现问题苗头，立即采取针对性措施，防止矛盾升级与扩大，维护项目稳定。

在项目执行的不同阶段，项目经理部应组织多层次、多形式的交流互动活动，促进组织成员之间的相互了解与信任，减少误解与分歧，形成强大的团队凝聚力。此外，我们还应注重管理部门与管理人员之间的协调工作，确保信息畅通、决策高效，共同推动项目向前发展。

为进一步提升企业的沟通协调能力，企业经理部应积极开展沟通协调的专项培训，强化员工的平等、共赢、担当与服务意识，培养一支既懂技术又擅沟通的高素质管理团队。通过提升沟通经营绩效，企业不仅能够更好地应对项目中的复杂情况，还能在激烈的市场竞争中脱颖而出，实现可持续发展。

3. 组织协调的内容

工程施工是一个复杂而精细的系统工程，它汇聚了业主、设计单位、监理单位、总承包商、分包商及供应商等众多参与方，每一环节都紧密相连，共同编织着项目成功的经纬。这一协同作业的过程，不仅要求各主体单位在专业技能上精益求精，更需在管理层面实现无缝对接与高效配合。通过精心策划与细致执行，我们确保工程进度与时间节点相契合，投资成本得到有效控制，同时追求效率最大化与施工质量的最优化。

在装配式建筑项目中，我们尤为强调各主体单位之间的组织协调与紧密合作。各主体单位在项目推进过程中需重点关注与协调的关键内容包括但不限于设计方案的深化对接、施工计划的协同编排、材料供应的精准匹配、质量控制的严格把关、安全文明施工的全面落实及环保管理措施的贯彻执行等。这些内容的妥善协调与高效执行，不仅是实现项目既定目标的重要保障，更是提升项目整体价值、促进建筑业可持续发展的重要途径（表5-2）。

具体而言，业主作为项目的发起者与最终受益者，需发挥引领作用，明确项目愿景与目标，为各方协同工作提供方向；设计单位则需紧密结合实际需求与前沿技术，提供科学合理的设计方案，并积极参与施工过程中的设计优化与技术支持；监理单位则需严格履行监督职责，确保施工质量等符合规范要求；总承包商则需统筹全局，协调各分包商与供应商，确保施工进度与质量；分包商与供应商则需专注自身专业领域，提供高质量的产品与服务，共同推动项目向前发展。

总之，工程施工中的组织协调工作是一项系统工程，需要各主体单位秉持合作共赢的理念，加强沟通协作，共同应对挑战，以期在时间、投入、效率、质量、文明施工及环保管理等多个维度上取得卓越成效。

表5-2　装配式建筑项目组织协调的主要内容

主体	协调范围	协调对象	协调的主要内容
建设单位	外部关系	施工单位、设计单位	进度目标，如提前预售、分层验收、穿插施工、标准层合理工期；质量目标，如"两提两减"、示范项目等；安全目标
设计单位	内部关系	建筑、结构、设备、装修等内部设计专业或者部门	建筑、结构、机电、装修的一体化设计
	外部关系	建设单位、构件厂家、施工单位	设计、生产、施工的一体化，技术与管理一体化，合理性与经济性问题，构件生产问题
构件厂家	内部关系	企业内部生产部门	现场施工协调
	外部关系	施工单位、监理单位	施工企业内部生产还是产品采购
施工单位	内部关系	企业及项目经理部内部	钢筋、模板、混凝土、机电等工种责任划分，工序的减少及工序的交错
	外部关系	建设单位、设计单位、构件生产厂家、监理单位、吊装作业队	施工单位与设计单位的沟通，使得设计满足生产、施工的需要；施工企业需要与生产厂家协调构件的出厂、装卸、运输、进场，构件专业吊装作业队，自有或对外委托

（二）沟通管理

1. 沟通管理的一般规定

为确保项目顺利推进，企业需构建全方位、多层次的沟通机制，特别强化与项目相关方的信息交流与协作，通过完善工作配合流程，打破内外壁垒，实现无缝对接与高效协同。项目部应将沟通视为日常工作的重中之重，不仅限于信息的简单交换，更要通过深度交流促进项目理解，共同应对执行中的挑战与障碍，确保项目进程中的和谐与顺畅。

为此，建设项目所涉及的各部门需携手并进，建立健全沟通程序，力求信息流通的即时性与准确性，确保每一项决策与行动都能基于充分的信息共享与讨论，从而增强工作的实效性与预见性。在此基础上，企业应深入分析与评估各利益相关方的需求与期望，依据项目时间线与特定要求，精细化规划沟通内容，灵活调整沟通区域，选用最合适的沟通方式与渠道。同时，针对可能出现的沟通障碍或紧急情况，制定详尽的应急预案，确保沟通目标的顺利实现，为项目的成功实施奠定坚实的沟通与协调基础。

2. 沟通管理计划

在工程项目的全生命周期中，项目经理部扮演着至关重要的角色。特别是在工程执行前后，其需紧密协同工程项目主管机构，精心策划并制定出一套详尽的工程沟通控制方案。此方案旨在明确工作流程、设定控制条件，并细化工作任务、方式及内容，以确保项目信息流通的顺畅与高效。

项目内部沟通管理的基石在于坚实的计划编制依据，这包括但不限于详尽的协议文本、清晰的组织机制与行为规范，对项目各方需求深入识别与评价的成果，对项目管理现状的精准把握，对项目管理主体间利害关系的深刻洞察，以及沟通方法所面临的约束条件、基本假设和对常用的协调技术的熟练掌握。此外，针对可能出现的项目矛盾与不一致情况，我们还需预先制定处理预案，以防患于未然。

项目沟通管理规划作为指导沟通工作的纲领性文件，其内容应全面且具体，涵盖沟通的范围、对象、核心内容及预期目标，明确沟通的方式、手段及参与人员的具体职责。同时，规划还需精心安排消息发布的时机与方法，确保信息传递的及时性与准确性。对于项目绩效报告的编制与沟通所需资料的整理，我们亦需给予足够重视，以便为项目决策提供有力支持。此外，规划还应包含对沟通成效的定期检查机制，以及根据实际情况对沟通管理规划进行适时调整的策略。

值得注意的是，项目沟通方案在正式实施前，必须经由授权方严格审定，以确保其符合项目整体战略与利益诉求。项目管理部门则需承担起监督与优化的职责，定期对项目信息化的方案实施情况进行审核、评估，并根据评估结果不断优化完善，以确保项目沟通工作始终保持在高效、有序的轨道上运行。

3. 沟通程序

（1）项目实施目标分解。

（2）分析各分解目标自身需求和相关方需求。

（3）评估各目标的需求差异。

（4）制订目标沟通计划。

（5）明确沟通责任人、沟通内容和沟通方案。

（6）按既定方案进行沟通。

（7）总结评价沟通效果。

（三）冲突管理

在装配式工程项目从规划到竣工的各个阶段中，由于各参建方及利益相关者对项目目标、进度、成本、质量等方面的预期存在差异，这种多元化的利益诉求不可避免地会导致冲突与矛盾的产生。这些矛盾贯穿于施工项目的整个生命周期，成为项目负责人必须面对和妥善处理的重要任务。

项目负责人需具备敏锐的洞察力和高效的冲突解决能力，以应对不同阶段可能出现的各种矛盾。在项目初期，我们需明确各方职责与期望，通过充分沟通与协商，建立共识，减少潜在的冲突点。随着项目的推进，面对突发的矛盾与问题，项目负责人需迅速响应，运用专业的冲突管理技巧，如调解、妥协、合作等，寻求双方都能接受的解决方案。同时，我们还需注重对长期关系的维护，通过诚信合作与共赢思维，增强各方之间的信任与默契，为项目的顺利推进营造良好的外部环境。

总之，矛盾控制是装配式工程项目负责人不可或缺的核心能力之一。只有准确识别、及时应对并有效化解各类矛盾，我们才能确保项目目标的顺利实现，保障各方利益的最大化。

1. 工程项目冲突识别

工程项目冲突识别模型可以从 6 个方面来识别判断冲突是建设性冲突还是破坏性冲突（表 5 – 3）。

表 5 – 3　工程项目冲突识别模型

识别指标	建设性冲突	破坏性冲突
是否会损害冲突主体利益	否	是
是否对工程项目目标不利	否	是
是否导致冲突双方信任度、满意度下降	否	是
是否会使组织决策失误	否	是
是否能提高组织工作能力	否	是
冲突发生是基于项目整体利益还是个人利益	整体利益	个人利益

2. 工程项目冲突分析

在工程项目管理的复杂环境中，预见并妥善处理潜在的冲突与矛盾是确保项目顺利推进的关键。这一过程首先要求我们深入洞察，通过全面的风险评估，识别出冲突可能出现的各种可能性、具体形式，以及这些冲突一旦爆发，将如何对工程项目的各个参与者（包括业主、承包商、设计方、监理等）产生直接或间接的冲击。在此基础上，我们需运用科学的分析方法，对已识别的冲突事件进行优先级排序，通过对比分析，明确哪些冲突需要优先解决，哪些可以适度缓和，从而制定出针对性的应对策略。

接下来，针对已识别的矛盾，我们需进行深入的原因剖析。这不仅仅是对表面现象的简单归纳，还是通过系统分析的方法，层层剥茧，揭示矛盾背后的根本原因和基本关系。只有对矛盾有了全面而深刻的理解，我们才能准确地把握管控的切入点，明确管控的思路和重点。这一过程不仅有助于我们更有效地解决当前矛盾，还能为预防未来类似矛盾的发生提供宝贵的经验和参考。

通过预见性地分析冲突的可能性与影响，结合对矛盾原因的深入剖析，我们能够更加精准地把握项目管理的脉搏，制定出更加合理、有效的管理策略，从而确保工程项目在复杂多变的环境中保持稳健前行。

3. 工程项目冲突控制

基于深入的冲突分析与研究成果，制定针对性的冲突管理策略显得尤为重要。冲突管理可从人员干预与组织管理两个维度并行推进。在人员干预方面，关键在于加强对矛盾双方员工的引导与培训，引导他们正视并接受冲突的存在，同时从项目整体利益出发，深刻认识冲突可能带来的负面影响，进而主动采取措施，及时遏制冲突的升级，通过提升员工的沟通与协作能力，促进双方建立互信，共同寻求解决方案。

另外，从组织管理的视角出发，当冲突难以通过人员干预得到有效解决时，我们应考虑调整或优化工程组织结构。这包括变更项目管理团队的构成、调整部门间的职责划分或重新分配资源等，以消除引发冲突的组织障碍，确保项目能够在一个更加和谐、高效的环境中推进。通过组织管理的手段，我们可以更加系统地解决冲突根源，提升项目管理的整体效能。

4. 工程项目冲突处理策略

在工程项目管理中，面对冲突与矛盾，我们需采取多元化的策略来寻求和谐与解决方案。回避或退出策略是一种预防性的方法，其旨在从源头上避免冲突升级。它要求参与者在冲突初期即保持中立，通过隔离措施减少或避免直接对抗，必要时甚至选择撤退，以保护自己免受潜在损害。这种策略体现了智慧与策略，特别是在冲突双方情绪激动或局势不明朗时，其能够有效防止根本性纠纷的发生。

然而，回避并非总是可行的或最优解，有时我们需要采取更为积极的竞争逼迫手段。这种策略基于"非赢即输"的原则，通过强制手段来达成自身利益，尽管它可能牺牲对方利益，且易引发后续冲突，但在某些紧急或关键时刻，其却能迅速打破僵局，推动问题解决。然而，我们必须谨慎使用，以免破坏长期合作关系。

相比之下，缓和或调停策略则更为温和，它强调"求同存异"，通过寻找共同点来减轻矛盾氛围。这种方法有助于改善各方关系，促进友好交流，但需注意其局限性，即无法从根本上解决所有矛盾，只能作为短期或辅助手段。

妥协则是一种更为灵活和实用的策略，它要求各方在尊重彼此利益的基础上，通过协商和让步，达成一种各方都能接受的解决方案。妥协不仅能够减少矛盾，增进合作，还能为未来的合作奠定良好的基础。然而，妥协的成功往往取决于各方的诚意与智慧，以及外部环境的支持。

最终，正视矛盾并寻求正面解决是最理想的方式。它要求所有参与者以开放和包容的心态面对冲突，积极交换意见，共同寻找解决问题的途径。这种策略不仅能够彻底化解矛盾，还能增强项目团队的凝聚力和创造力，为工程项目的顺利推进创造有利条件。然而，实现这一目标需要良好的社会氛围和工程项目环境的支持，同时需要参与者具备高度的责任感和合作精神。

5. 工程项目冲突管理效果后评价

冲突管理效果后评估，是在工程项目经历矛盾识别、评估、控制及解决这一系列流程后，进行的一项系统性回顾与评价活动。该评估聚焦于冲突管理策略与措施实施后，项目绩效的实际变化，旨在全面、客观地解析冲突管理工作的成效与不足。通过严谨的测试与总结，我们不仅能够验证管理人员在冲突管理过程中的有效性，还能深入剖析导致失败的关键因素，提炼宝贵的经验教训。这一过程不仅是对过去工作的反思，更是对未来冲突管理实践的指引，确保通过及时有效的信息反馈机制，不断优化冲突管理规范，提升整体管理水平，为后续项目的顺利推进奠定坚实基础。

第二节 装配式建筑项目进度控制

装配式建筑的施工特色鲜明，其核心在于现场施工的构件装配化，这一模式不仅极大地提升了施工效率，实现了在保证工程质量的前提下快速推进项目，有效缩短了建设周期，还通过减少现场湿作业和材料浪费显著降低了成本，同时积极响应了节能环保的号召。在工程项目管理中，进度、质量、安全与成本等控制目标构成了一个紧密相连、相互依存的整体，任何一方面的缺失或失衡都将对整体项目产生不利影响。

相较于传统现浇建筑的进度控制，装配式建筑的进度管理展现出了更强的计划性和更高的协同性。其进度不仅受到施工单位自身的影响，更与设计单位、构件生产单位等多个外部环节紧密关联，形成了一个复杂的协作网络。因此，针对装配式建筑的这一特性，制订一套科学合理、具有前瞻性的施工进度计划显得尤为重要。这份计划需要充分考虑项目特点，如构件的预制周期、运输时间、现场吊装效率等，并预留足够的缓冲空间以应对不可预见因素。

在计划的实施过程中，动态调整同样不可或缺。项目团队需密切关注施工进展，及时收集并分析各项数据，对原计划进行必要的微调或重大调整，以确保项目始终沿着既定的目标轨道前进。此外，装配式建筑的设计和施工方案策划阶段就应将进度管理纳入重要考量范畴，通过优化设计方案、合理安排构件生产批次和顺序、加强各专业间的沟通协调等方式，为后续的顺利施工奠定坚实基础。

尤为重要的是，在项目前期，我们必须提前与设计单位、建设单位、监理单位及预制构件生产单位进行深入沟通，明确工程深化设计图纸的具体内容，确保土建专业与水暖电通、智能化等各专业之间的无缝衔接。同时，我们还需详细规划预制构件及部品的生产安排，确保生产进度与施工进度相匹配，避免因构件供应不足或延误而影响整体工期。通过这些措施，装配式建筑项目能够在高效、有序的氛围中稳步推进，最终实现项目目标的圆满达成。

一、装配式建筑项目进度控制概述

（一）进度控制的程序

装配式建筑项目的进度控制程序，与传统现浇结构项目相似，遵循着系统而周密的步骤，以确保项目按时交付。首先，项目团队需精心制定时限规划，这不仅是项目启动的信号，也是对整个项目周期的明确界定，包括开工的吉日、总体竣工的宏伟蓝图，以及各关键节点的投产与验收日期，均需细致入微地规划。同时，考虑到工程可能涉及的分批实施，每一阶段的里程碑也需清晰标注。

其次，制定施工方案成为重中之重。这一环节不仅需详细规划各施工环节之间的工艺逻辑、组织协作与搭接顺序，还需精确到每一项工作的起止时间、所需劳动力、材料供应计划、机械设备调配，乃至各类保障性措施。方案的制定需广泛征求并获得施工企业、业主及监理单位等多方认可，确保其实施的可行性与高效性。

方案既定，工程项目经理部便需发挥其核心调度作用，整合所有施工项目资源，协调各工程队伍严格按照进度规划执行。这一过程如同精密的交响乐指挥，确保每一乐章（施工环节）都能准时奏响，和谐共融。

在施工过程中，全面的监测与调度不可或缺。项目管理部门需携手规划、质量、安全、材料、合同等多个职能部门，形成强大的管理合力，定期对项目进度进行全面检查，记录并分析项目管理过程中的每一项细节。时间对比法，直观展现项目实际进度与计划目标的吻合度，一旦发现偏差，我们立即启动调整机制，灵活应对，实现项目时间的动态优化管理。

最后，当项目完成阶段性或整体任务时，进度管理总结与报告成为宝贵的收官之作。这不仅是对项目执行过程的全面回顾，更是对未来项目管理实践的宝贵参考。通过深入分析成功经验与不足之处，我们提炼出可复制的管理模式与改进措施，为装配式建筑领域的持续进步贡献力量。

（二）进度控制的措施

装配式建设工程进度管理的方法主要包括组织措施、管理措施、经济措施及技术措施等。

1. 组织措施

为确保建设项目能够顺利达成其进度控制目标，构建一个健全且高效的项目进度控制机构管理体系是首要任务。这一体系需涵盖明确的组织架构、清晰的职责划分以及完善的运行机制，以确保从项目启动到竣工的各个阶段都能得到有效管理和监控。

在管理体系的核心，我们应设立专门的技术工作团队，成员需具备深厚的专业背景和丰富的实践经验，或直接由持有进度管理职业资质的技术专家领衔。这些专业人员将负责全面主持进度控制工作，包括制订详细的进度计划、监控实施过程、分析偏差原因及提出纠偏措施等，确保项目进度始终沿着既定轨道稳步推进。

在责任划分与岗位职责的设定上，我们应明确各层级、各部门乃至每位员工的具体职责与任务目标，通过详细的目标分解和责任落实，形成上下联动、左右协同的工作格局，确保每一个关键环节都有专人负责，每一项任务都能得到及时有效的执行。同时，这些目标方案需经过充分的研讨与论证，确保其既符合项目实际情况，又具有前瞻性和可操作性。

为了保障目标方案的顺利实施，我们还需建立常态化的监控机制。通过定期或不定期的检查、评估与反馈，我们及时了解任务目标的落实情况，发现潜在问题并立即采取相应措施予以解决。对于出现的进度偏差，我们应迅速组织专家团队进行深入分析，制定切实可行的纠偏方案，并协调各方资源加以实施，以最快的速度将项目拉回到正轨。

此外，加强项目内部的沟通协调也是实现进度控制目标的重要一环。建立畅通的信息交流平台，促进各部门之间的信息共享与协作配合，确保在项目推进过程中我们能够及时发现并解决各种矛盾和问题，形成合力推动项目向前发展。

建立健全的建设项目进度控制机构管理体系、设立专业的技术工作团队、明确责任划分与岗位职责、加强监控与纠偏及强化沟通协调等措施，是确保建设项目能够顺利达成其进度控制目标的关键所在。

2. 管理措施

设计工程进度控制的管理方法是一个多维度、综合性的体系，其核心在于构建一套高效、科学的控制策略。这一策略不仅涵盖了控制的思路、手段与方法，还深入融合了承发包模式的选择、项目控制的精细化实施及风险管理的有效运用。

在控制思路上，我们坚持时间规划的系统性，强调动态调整与持续优化，通过系统比较与选优，确保进度计划既符合项目实际，又具有前瞻性和灵活性。这种控制思想要求我们在项目初期就建立起完整的时间规划体系，并在项目执行过程中不断根据实际情况进行调整，以实现进度的最佳匹配。

在控制手段上，我们采用质量控制与项目系统规划并重的方式。质量控制手段确保工程质量达标，避免因质量问题导致的进度延误；而项目系统规划则通过科学合理的资源配置与任务分配，为进度目标的实现提供坚实支撑，两者相辅相成，共同推动项目的高效进行。

在选择承发包模式时，我们注重模式的合理性与适用性，力求减少合同交界面带来的干扰，确保项目能够按照既定计划顺利推进。合理的承发包模式能够明确各方责任与义务，减少沟通成本，提高协作效率，为项目进度控制创造有利条件。

同时，我们还将风险管理作为进度控制的重要一环。通过识别、评估与应对潜在风险，我们能够有效降低项目工期失控的风险程度。风险管理手段的运用不仅要求我们有敏锐的洞察力，还需要我们具备强大的应对能力，以便在风险发生时能够迅速采取有效措施，确保项目不受影响。

此外，我们还高度重视现代计算机信息技术在项目工期管理中的运用。通过引入先进的项目管理软件与工具，我们能够实现项目进度的实时监控、数据分析与决策支持，提高管理的智能化与自动化水平。这些技术的应用不仅提高了工作效率，还为我们提供了更加精准、全面的项目进度信息，为科学决策提供了有力支撑。

3. 经济措施

在进度管理的过程中，一系列综合性的措施至关重要，它们不仅涵盖了投资领域的精准规划与灵活调配，还涉及资源供给的精细策划与经济激励策略的有效运用。为确保项目进度控制目标的顺利达成，政府应扮演积极引导的角色，制定出一套与项目进度规划紧密契合的资源需求规划体系。这一体系需全面考虑资金、人力、物力等多方面的需求，特别是要针对专业化项目管理团队、高效吊装队伍等关键资源做出科学合理的配置计划。

具体而言，政府应鼓励并协助项目方实施精细化的资金管理，确保专项任务所需资金能够及时到位，避免因资金短缺而延误工期。同时，为预制构件的生产与供应预留充足的专项资金，保障生产链的顺畅运行。此外，项目方还应建立健全的工资发放机制，确保施工班组及承包者的劳动成果得到及时合理的回报，从而激发其工作积极性，提高施工效率。

在人员管理方面，项目经理或专项工程师可充分利用承包合同及管理责任状等法律文件，对预制结构施工企业、设计施工现场的班组及劳务队工作人员实施有效的管理与制约。明确责任、细化任务、强化考核，确保每一项工作都能得到高效执行。同时，引入"提前奖励、拖后处罚"的激励机制，对按时完成或提前完成任务的团队和个人给予物质或精神奖励，对延误工期的则采取相应的惩罚措施，以此增强全体成员的责任感和紧迫感，推动项目整体进度的加快。

进度管理的措施是一个多维度、多层次的体系，它要求政府、项目方及所有参与人员共同努力，通过精准的投资规划、科学的资源调配、有效的经济激励及严格的人员管理，确保项目能够按照既定的时间节点稳步推进，最终实现进度控制目标的圆满达成。

4. 技术措施

进度管理在工程项目中占据核心地位，其关键的技术措施聚焦于优化工程设计与工艺选择，以高效达成时间目标。具体而言，这包括积极引入并应用先进的工程技术、科学创新、新型材料、前沿技术设备及更为合理的施工方法。例如，在装配式建筑项目中，采用预制叠合楼板时，我们可优先选用钢独立支撑与盘扣式脚手架体系，这种组合不仅提升了施工效率，还增强了结构稳定性与安全性。同时，针对吊装作业，我们需精心挑选或定制化开发适用于装配式项目的专用吊装机具与技术设备，以最大化减少吊装时间，提升整体施工效率。

在后浇混凝土施工阶段，推广使用定型的钢模板、塑模板或铝合金模板及其配套支护体系，这些现代化模板系统不仅提高了混凝土浇筑的精度与质量，还显著加快了模板安装与拆卸速度，为快速周转与连续施工创造了有利条件。

当工程进度计划遭遇挑战或进展受阻时，我们需全面审视施工时间与设备资源的利用情况，深入分析其对项目进展的制约因素，在此基础上，评估并探讨变更施工技术、施工方式乃至施工设备的可行性，以寻找突破瓶颈的新路径。这可能涉及采用更高效的施工策略、引入更先进的施工机械，或是对现有施工流程进行重组与优化，旨在通过技术创新与管理升级，确保项目能够按时或提前完成既定目标。此外，我们还应加强团队间的沟通与协作，确保各项技术措施能够顺利实施并有效整合于项目整体管理体系之中。

（三）进度控制要点

装配式建筑项目的进度控制是一个复杂而精细的过程，它要求项目团队在多个关键点上采取精准措施，以确保工期目标的顺利实现。项目执行过程中必须确保充足的劳动力、机械设备和管理人员投入，并依据精心制定的施工方案，对人力资源、机械设备及物资进行高效有序的调配，这是保障各施工节点按时完成的基石。

对于预制装配式 EPC 厂家而言，其响应速度至关重要。从接收到装配式拆分方案的施工图起，通过工艺深化设计、模具制作生产拼装到首批预制构件的发货进场，整个流程需控制在 60 天以内，以快速响应项目需求。同时，构件制作前，采购方需组织深化设计单位对构件工厂进行详尽的技术交底，确保生产准确无误。

在构件制作与吊装阶段，质量控制与协调配合同样关键。首批预制构件需经过严格的隐蔽验收程序，由项目甲方、监理方、采购方、设计院共同参与，确保构件质量达标。正式吊装前，我们还需组织技术交底会，明确装配式节点部位的特殊要求与施工要点，减少施工过程中的误差与返工。

此外，为避免吊装施工因构件供应不足而停滞，构件厂需提前生产足够数量的构件，一般建议不少于 3 个楼层的量，以确保吊装施工连续进行。在第一批次构件吊装时，考虑到施工队伍对图纸的熟悉程度及班组间的配合默契度，我们需设定合理的进度预期，并逐步优化至最佳状态。

为了提升施工效率，项目团队还需在施工前充分沟通与协商，制订详细的吊装进度、生产排产及供货计划。吊装队应根据实际情况，反向提出装车顺序、车载数量及构件进场时间等要求，以确保吊装作业的顺畅进行，同时，利用流水施工法，在楼栋间及楼层内组织高效的施工流程，进一步缩短工期。

特别值得注意的是，当外围护墙体采用装饰、保温与窗框预埋综合一体的构件时，主体结构装配完成后，外围墙体的施工将大幅简化，这为室内装修的提前穿插施工提供了有利条件。项目团队应充分利用这一优势，规划并实施高层单体建筑的室内精装立体穿插施工策略，以全面提升项目的整体进度与完成质量。

二、装配式建筑项目进度计划的编制

（一）施工进度计划

1. 施工进度计划的定义

施工进度计划是工程项目管理中的重要工具，它通过对项目中所有任务与项目的细致划分，并基于任务的逻辑顺序、启动与结束的时间节点以及相互之间的衔接关系，精心构建出一个系统性的工作蓝图。这一计划不仅将时间规划与实际执行紧密相连，形成了一个动态调整、相互依存的有机整体，更为后续的时间控制工作奠定了坚实的基础。

在施工现场，施工进度计划如同一部精密的指挥手册，它详细描绘了各类工程建设活动在时间与空间上的精准布局与先后顺序。为了确保施工进度的合理性与高效性，制订计划时我们必须严格遵循施工程序的基本原则，即按照既定的建筑施工方法和项目开展流程来精心组织施工活动。这一过程要求各施工环节之间实现无缝对接与紧密配合，确保所有施工活动能够相互协调、相互促进，从而最大化地利用现有资源，保障施工质量，提升实施效率，最终实现项目工期的最优化目标。

此外，科学合理的施工进度计划还能够带来显著的经济效益。通过精准控制施工节奏，减少不必要的等待与闲置时间，施工成本得以有效降低。同时，高效的施工进度也意味着资金能够更快地转化为实际成果，从而提高了投资回报率，让项目价值得以更早、更充分地实现。因此，施工进度计划不仅是项目管理中的一项基本任务，更是实现项目成功、提升项目价值的关键所在。

2. 施工进度计划的分类

施工进度计划的编制依据项目的不同层级与需求，可细致划分为多个类别，每一类别均承载着特定的指导与管理功能。首先，建设项目施工总进度计划作为宏观层面的指导性文件，其视野广阔，覆盖整个项目或施工群体，旨在统筹协调各单项工程、单体项目在整体建设蓝图中的时序与位置，确保各项重点工程的有序推进。此计划不仅考虑到了地下、地上、室内、室外及各专业工程（如结构、装饰、水电暖通、弱电、电梯等）的全面性，还需灵活应对传统装配式与非装配式施工并存的复杂情况，展现出高度的综合性和全局性。其制订过程通常在总承包公司总工程师的引领下完成，确保战略层面的精准把控。

其次，单位工程进度计划则聚焦于单一工程项目的具体实施，以操作性强、目标明确为特点，是项目经理与技术主任紧密合作下的产物。在制订过程中，针对预制装配式施工工程，我们需细致考量构件类型、现场布置、吊装机械配置、地基处理、主体结构安装顺序、现浇结构穿插作业等多方面因素，确保计划既符合技术实际，又高效可行。

再次，进一步细化至分阶段或专项工程进度计划，该类别计划专注于特定施工步骤或技术领域的时间管理，如装配式建筑吊装施工中的构件管理、钢筋连接、现浇结构协同作业等，通过精确的时间节点与操作流程图，为专项工程的高效执行提供详细指引。

最后，分部分项工程进度计划作为最基层的管理工具，直接面向具体施工流程，由专业工程师与总工长携手制订，确保每一项细节工作都能得到妥善安排与有效监控。此类计划虽相对简单具体，却是实现工程进度管理精细化、系统化的关键一环，对于保障整体项目按期完成至关重要。

从建设项目施工总进度计划到分部分项工程进度计划，每一层级的计划都紧密相连、相辅相成，共同构建了一个完整、高效的项目进度管理体系。

3. 装配式建筑项目进度计划的分解

在装配式建筑项目的整体规划中，设计施工进度计划的编制需紧密围绕总体工期目标进行，确保各个环节紧密相连，形成高效协同的工作体系。具体而言，装配式施工建设的设计施工进度计划应细致考虑各阶段的设计任务、设计深度及设计成果的提交时间，以确保设计工作能够前置并有效指导后续施工。

与此同时，构件生产厂作为装配式建筑施工的重要支撑，需依据装配式施工建设的实际工程进度预算，精心编制构件制造方案。这一方案需充分考虑构件的种类、规格、数量及生产周期等因素，通过科学合理的排产计划，确保构件能够按照施工需求持续稳定地供应，避免因构件短缺而延误工期。

值得注意的是，装配式建筑的主体构件施工具有其特殊性，因此在制订施工计划时我们需更加细致入微。除了常规的年度计划，其还应进一步细化为季度计划、月度计划乃至周计划，以便更精确地控制施工进度。这些计划需详细列明各阶段的施工任务、所需资源、责任人及完成时间等关键信息，为施工现场的精细化管理提供有力支持。

此外，为了确保预制构件的进度与施工进度保持高度一致，我们还需加强工程人员与构件生产厂之间的沟通与衔接。双方应建立定期协调机制，及时共享施工进度信息、构件需求预测及生产进度反馈等关键数据，以便根据实际情况灵活调整生产计划与施工安排。通过这种紧密合作的方式，我们可以更加有效地引导预制构件的生产与供应，为装配式建筑施工的顺利进行提供坚实保障。

（二）装配式建筑项目施工进度计划编制

1. 装配式建筑项目施工进度计划编制依据

在编制装配式施工项目的工程进度预算时，首要步骤是严格遵守我国现行的一系列建筑设计、施工及验收标准体系，这包括但不限于《装配式混凝土结构技术规程》（JGJ 1—2014）、《装配式混凝土建筑技术标准》（GB/T 51231—2016）等核心规范，以及《混凝土结构工程施工质量验收规范》（GB 50204—2022）和《混凝土结构工程施工规范》（GB 50666—2011）等通用标准，确保预算编制的技术依据坚实可靠。

紧接着，我们需综合考虑各省市特有的地方性标准及国家层面的工程建设标准，这些标准往往融入了地域性特点与特殊要求，对于精确反映项目成本、合理安排进度预算至关重要。

在此基础上，预算编制工作需深入结合项目总设计文件的核心要求，特别是针对预制式生产（安装）率这一关键指标，细致评估预制构件厂家的生产能力、技术实力及其所能提供的预制构件比重与比例。同时，我们还需详细分析将采用的建筑施工工艺、吊装机具的规格与总量，以及这些机具在实际施工中的效率与成本影响。

此外，工程进度计划的详细安排、专项设计材料的拆分与深化设计文件也是不可或缺的参考依据，它们为预算编制提供了精确的时间框架与材料需求预测。在编制过程中，我们还需紧密结合施工现场的实际情况，包括地形地貌、气候条件、交通状况等因素，以及最新的科技经济数据，如材料价格、人工成本变动趋势等，确保预算既符合实际又具有一定的前瞻性。

装配式施工项目的工程进度预算编制是一个系统工程，它要求编制人员不仅要精通相关技术标准与规范，还需具备敏锐的市场洞察力和丰富的实践经验，能够全面、准确地把握项目特点与需求，从而编制出既科学合理又切实可行的预算方案。

2. 进度计划的编制方法

（1）横道图法：作为一种历史悠久且广泛应用的工程预算编制与进度管理工具，其独特之处在于利用时间坐标轴直观展示工程项目中各个工序的起止时间线，通过一系列横向排列的线条勾勒出整个施工计划的轮廓。这种方法的优势显而易见：它简洁明了，易于编制与理解，无须复杂的技术背景即可快速上手；同时，其图形化的表达方式便于施工现场的即时监控与信息的统计汇总，是工程管理实践中不可或缺的一环。

然而，任何方法都有其局限性，横道图法亦不例外。首先，它难以直观展现不同工种之间的复杂依赖与制约关系，这在现代复杂工程项目中尤为关键，因为工种间的协同效率往往直接影响整体进度。其次，横道图法缺乏深度分析能力，无法明确指出哪些工种是推动工程进展的关键因素，也无法精确评估各工种间的弹性空间（机动时间），这对于项目风险的预判与资源的优化配置构成了一定挑战。再次，由于横道图法本质上是一种定性工具，缺乏数学模型的支持，它无法进行定量分析，难以精确量化工种间的相互约束关系，限制了其在复杂决策场景中的应用。最后，面对实际施工中的不确定性与变动，横道图法调整起来相对烦琐，缺乏灵活性，难以迅速响应计划外的变化，也无法支持多种施工方案的比选与优化，这在追求高效、动态管理的现代工程项目管理中显得尤为不足。

横道图法虽有其不可替代的优势，但在面对日益复杂的工程项目管理需求时，其局限性也日益凸显，促使我们不断探索更加先进、全面的管理工具与方法。

（2）网络计划技术法：在装配式建筑项目的进度管理中，网络计划技术法相较于传统的横道图法展现出了显著的优势。它不仅能够直观且精确地描绘出施工活动中各项工艺之间的逻辑依赖与相互制约关系，还通过时序分类的能力，精准识别出对整体工期具有决定性影响的关键工艺路径。这一特性极大地提升了建筑施工管理者的决策效率，使他们能够聚焦于解决施工中的核心问题，有效减少了管理决策的盲目性。此外，作为一种结构清晰、定义明确的数学模型，网络计划技术法不仅支持构建多样化的工程调度优化策略，还便于利用计算机进行高效的数据处理与算法运算，这进一步提升了进度管理的科学性与智能化水平。

然而，在实际操作中，单一方法往往难以满足复杂多变的施工需求。因此，我们提倡将横道图法与网络计划技术法相结合，实现优势互补。特别是在利用电子计算机制订项目进度计划时，我们可以先运用网络计划技术法对项目进行细致的时序分解，精准识别并调配关键工序，随后再将优化后的进度安排转化为直观的横道图形式，为现场施工提供清晰、易懂的指导蓝图。

对于装配式建筑项目的具体规划而言，双代号网络图和横道图因其直观性与实用性而被广泛采用。在编制这些图表时，我们特别注重资源的合理分配与标注，确保进度计划不仅反映了时间上的安排，还涵盖了人力、物力等关键资源的配置情况。同时，进度预算编制说明作为项目管理的重要文档，应详尽阐述时间计划的编制依据、明确的项目规划目标、关键线路的具体说明及资源需求等关键信息，为项目的顺利实施提供全面、细致的指导与参考。

（三）进度计划编制原则

在制订装配式建筑施工进度计划时，我们必须深刻认识到该类型建筑的结构特性、使用条件及设计要求的独特性，同时兼顾其与常规混凝土结构建筑工期的显著差异，以确保计划既符合实际又便于执行。以下是编制过程中我们应遵循的关键规定：

首先，强调多专业间的紧密协作，确保设计图纸的深化细化，以满足装配式建筑的复杂需求。其次，我们需预先规划建筑设计、构件运输及吊装方案，并明确塔式起重机的选型，以支撑高效的施工流程。再次，我们还需精心布局预制构件的现场堆放区域，优化空间利用。鉴于钢筋套筒灌浆作业对气温的敏感性，我们应灵活调整施工计划，尽量避免在冬季进行此类作业。

复次，在安装预制构件时，我们可采用单层分段或分区吊装策略，以提升效率并减少干扰。同时，我们需综合考虑建筑空间组合与结构安装的时序要求，合理安排施工顺序，尽可能在同一操作面上协调不同工种，促进时间上的高效配合。

最后，通过流水段穿插施工与吊装流水作业的方式，我们充分利用塔吊空闲期组织构件进场与卸车，确保施工连续性的同时，不干扰主体结构的正常施工。这一过程中，建立清晰的作业程序与控制机制至关重要，它有助于实现现场施工安全、工时管理、安全控制及现场管理的常态化与标准化，为装配式建筑施工的顺利进行提供坚实保障。

（四）进度计划编制

在装配式混凝土构件的时间规划中，其策略显著区别于传统现浇建筑项目。关键在于我们需提前并周密地考量生产单位对于预制构件及其他建筑部品的加工能力，通常需至少提前六十日与制造商建立联系或签订合同，以确保预制构件及所需部品的及时供应。此过程中，我们需精准预测构件及部品到达工地的具体时间，据此动态调整并优化工程进度计划。通过科学的时间管理与资源调配，高效利用材料、设备及人力资源，我们确保施工进度的稳健推进。同时，实施动态成本控制策略，根据工程进度与资源使用情况灵活调整建造费用，以实现成本效益的最大化。

1. 工程量统计

预制装配式结构的项目工程量计算需细致区分混凝土现浇部分、钢筋预制结构及混凝土现浇节点，每项均独立计量以确保准确性。现浇节点工程量特指装配层标准层中的现浇节点，其钢筋长度、模板需求及钢筋消耗量需精确测算，依据各节点及电梯井、楼梯间现浇面积逐一核定。同时，预制构件的分类明细及单层统计是另一关键环节，通过详尽统计表展现不同类型、数量及位置信息，为吊装作业、构件进场等后续工作奠定坚实基础。此统计不仅涵盖外墙板、内墙板、装饰板、阳台隔墙板、楼梯构件及叠合板等预制件，还精确到各层结构，为流水施工规划提供直接数据支持。最终，现浇部分、预制构件及现浇节点的工程量汇总成预制装配式建筑的总体工程量统计表，全面反映项目规模与资源需求。

2. 流水段划分与单层施工流水组织

（1）流水段划分：流水段的合理划分是工程项目设计与工程量计算的基石，二者相互依存，共同影响着施工效率与资源配置。流水段的科学规划旨在确保各段内工序工程量均衡，促进施工流程顺畅无阻。实际操作中，我们需根据现场条件灵活调整流水段边界，以最大化资源利用效率。这一过程中我们需遵循以下核心原则：

首先，追求流水施工的连续性与均衡性至关重要。在不同施工阶段，同一专业工作队的劳动量应保持相对一致，差异控制在10%至15%，以减少等待与闲置时间，确保施工节奏紧凑连贯。

其次，优化机械与劳动力配置是提升生产效率的关键。我们需充分考虑施工阶段的机械台班需求、劳动力容量及专业工种对作业空间的具体要求，通过合理安排，实现机器与人力的高效协同，促进生产效能的最大化，同时优化劳动力资源组合，提升团队整体战斗力。

最后，施工段数量的设定需与主要施工流程紧密配合，寻求最佳平衡点。段数过多会延长施工周期，增加管理复杂度，甚至延误工期；段数过少则可能导致作业面利用不足，造成资源浪费与窝工现象。因此，我们需精确计算，确保施工段划分既能充分利用资源，又能维持合理的施工节奏。

以多层装配式建筑为例，如单层建筑面积约 820 m²，包含 8 户住宅，涉及预制墙体及水平预制构件各百余块。在此情境下，将单层合理划分为两个流水段，每个流水段均承载约百块预制构件，这样的布局既有利于施工材料的集中管理与调配，又能确保各流水段工作量的均衡，为流水施工的高效组织与实施提供坚实基础。通过此类精细化划分，项目得以在保障施工质量的同时，显著提升施工效率与成本效益。

（2）吊装耗时分析：在进行吊装耗时分析时，我们通常采取两种主要策略。第一种策略侧重于精细化分析，它基于单个构件的吊装工序耗时，细致考量不同构件（如钢筋笼或混凝土预制板）的吊装时间，进而累加得出标准层的整体吊装耗时。这种方法能够精确反映各构件吊装作业的具体耗时情况，为优化吊装顺序和资源配置提供详尽数据支持。

另一种策略则更为宏观，它不拘泥于构件的具体类型，而是将焦点放在建筑高度这一关键因素上，分析高度变化如何影响构件的吊装效率。这种方法通过构建高度与吊装耗时之间的关联模型，快速评估不同楼层高度下吊装作业的大致耗时，适用于快速决策和初步规划阶段。

以高层装配式建筑项目中广泛采用的铝模板施工为例，我们可以将影响塔吊使用效率的各道工序按施工流程竖向排列，同时，将塔吊在实际施工过程中的操作顺序横向铺展，绘制成直观的吊次计算分析表。这样的表格不仅清晰地展示了塔吊在各工序间的调度情况，还便于识别潜在的吊装瓶颈和优化空间。

值得注意的是，模板支撑体系的选择对吊装耗时也有显著影响。在装配式建筑项目中，竖向模板支撑体系多采用大钢模板或铝合金模板。大钢模板由于其重量和尺寸，在安装与拆卸过程中不可避免地会占用较多的塔吊吊次，增加了吊装耗时。相反，铝合金模板以其轻质、易安装拆卸的特点，对塔吊吊次的占用相对较少，有助于提升吊装效率。此外，我们还需考虑到实际操作经验对吊装耗时的影响，特别是在项目初期，由于操作人员对吊装流程的不熟悉，首层吊装耗时往往较长，这需要在计划制订时给予充分考虑。

（3）工序流水分析：在依据详尽的工序工程量进行细致规划后，我们需周全考虑定位甩筋、坐浆、灌浆、水平及竖向构件吊装、顶板水电安装等一系列关键工序的技术间歇期，确保施工流程的连续性与高效性。以天为单位，我们精确定位了流水施工中的关键路径，针对施工队伍对图纸的熟悉过程及现场班组间的磨合需求，初期每层施工预计耗时约10天，至第四层时，随着团队间的默契提升，吊装效率将显著提高，预计可达到每7天完成一层，而在理想条件下，装配式建筑项目的标准层施工周期可进一步缩短至6天一层。

具体施工安排如下：第一天，待混凝土充分养护并达到强度标准后，进行精确放线并启动预制外墙板与楼梯的吊装作业，为后续施工奠定坚实基础。第二天，聚焦于预制内墙板的吊装与叠合梁的安装，同时同步进行节点钢筋的绑扎与压力注浆工作，确保结构稳固。第三天，继续推进叠合楼板、阳台及空调板的吊装，同步完成节点钢筋绑扎与支模工作，为水电安装做准备。第四天，水电专业进场进行布管作业，同时钢筋工绑扎平台钢筋，木工则专注于支模工作，并对叠合板进行精细调平，确保各部位尺寸精确无误。第五天，深化钢筋绑扎与木工支模工作，加强排架稳固性，为浇筑作业创造良好条件。第六天，进行混凝土的浇筑作业，随后进行收光、养护，并在建筑物四周设置隔离防护措施，确保施工区域安全有序。通过这一系列精心策划的施工步骤，我们旨在实现装配式建筑项目的高效、高质量推进。

（4）单层流水组织：单层流水组织模式是一种高度精细化的施工管理策略，其核心在于以塔吊占用时间为基准，实现流水段间的无缝穿插与高效协同，这种组织方式精确到小时级别，确保了施工流程的紧凑与高效。在这一模式下，白天12小时的工作时间被科学划分为多个精细时段，每个时段均承载着特定的施工任务，工序被模块化处理，便于灵活调度与管理。

同时，该组织模式不仅关注施工进度的推进，还充分融入了技术间歇的考虑，确保各流水段之间既有紧密衔接，又有必要的缓冲时间，以应对不可预见因素。此外，质量控制、材料进场、安全文明施工等管理要素也被紧密嵌入每个时段、每个作业内容之中，形成了全方位、多层次的管理体系，保障了施工过程的整体品质与安全性。

值得一提的是，在构件进场、存放场地规划、劳动力组织及塔吊使用时间段协调方面，单层流水组织模式展现出了其独特的优势。通过精确的时间安排与资源调配，该模式有效避免了构件堆放混乱、劳动力闲置及塔吊冲突等问题，显著提升了现场作业效率。

为了更好地指导日常施工，循环作业计划应被明确标注并悬挂于项目栋号的出入口处，作为每日工作重点的直观提示。这一举措不仅有助于施工人员清晰了解当日任务，还能够促进团队间的沟通与协作，确保装配式施工阶段的各项工作能够按计划有序进行，为项目的顺利完成奠定坚实基础。

例如，某装配式建筑群由3栋单体建筑组成，一台塔吊负责C栋建筑构件吊装，一台负责A、B栋建筑构件吊装。C栋标准层施工工期安排如表5-4所示。A、B栋标准层施工工期安排（一台塔吊负责两栋塔楼吊装）如表5-5所示。

表5-4　C栋标准层施工工期安排

第1天	6：30～8：30	测量放线、下层预制楼梯吊装
	8：30～15：30	爬架提升
	8：30～18：30	预制外墙板吊装、绑扎部分墙柱钢筋
第2天	6：30～12：00	竖向构件钢筋绑扎及验收
	12：30～17：30	墙柱铝模安装
第3天	6：30～12：00	墙柱铝模安装
	12：30～19：30	梁板铝模安装、穿插梁钢筋绑扎
第4天	6：30～18：30	预制叠合板、预制阳台吊装
第5天	6：30～18：30	预制叠合板、预制阳台吊装

	6：30～12：00	预制叠合板、预制阳台吊装
第6天	13：00～15：30	板底筋绑扎
	15：30～19：30	水电预埋
第7天	6：30～11：30	板面筋绑扎、验收
	12：30～18：30	混凝土浇筑

表5-5　A、B栋标准层施工工期安排（一台塔吊负责两栋塔楼吊装）

工期	时间	B栋	A栋	塔吊利用率
第1天	6：30～8：30	测量放线	墙柱铝模安装	中
	8：30～15：30	爬架提升、下层预制楼梯吊装	墙柱铝模安装	
	8：30～18：30	预制外墙板吊装、绑扎部分墙柱钢筋	梁板铝模安装、穿插梁钢筋绑扎	
第2天	6：30～12：00	竖向构件钢筋绑扎及验收	预制叠合板、预制阳台吊装	高
	12：30～17：30	墙柱铝模安装		
第3天	6：30～12：00	墙柱铝模安装	预制叠合板、预制阳台吊装	高
	12：30～19：30	梁板铝模安装、穿插梁钢筋绑扎		
第4天	6：30～12：00	预制叠合板、预制阳台吊装	预制叠合板、预制阳台吊装	高
	13：00～15：30		板底筋绑扎	
	15：30～19：30		水电预埋	
第5天	6：30～11：30	预制叠合板、预制阳台吊装	板面筋绑扎、验收	高
	12：30～18：30		混凝土浇筑	
第6天	6：30～12：00	预制叠合板、预制阳台吊装	测量放线、爬架提升	中
	13：00～15：30	板底筋绑扎	爬架提升、下层预制楼梯吊装	
	15：30～19：30	水电预埋	预制外墙板吊装、绑扎部分墙柱钢筋	
第7天	6：30～11：30	板面筋绑扎、验收	竖向构件钢筋绑扎及验收	低
	12：30～18：30	混凝土浇筑	墙柱铝模安装	

（5）装配式建筑主体结构施工进度计划：以标准层施工工期安排为基础，考虑吊装的不断熟悉、逐渐提高效率乃至稳定的过程，制订主体结构施工进度计划（表5-6）。

表 5 – 6 某装配式建筑主体结构标准层施工进度计划

任务名称	工期/天	开始时间	完成时间	备注
总工期	200	2019 年 05 月 05 日	2019 年 11 月 20 日	
5 层	15	2019 年 05 月 05 日	2019 年 05 月 19 日	
6 层	9	2019 年 05 月 20 日	2019 年 05 月 28 日	
7 层	8	2019 年 05 月 29 日	2019 年 06 月 05 日	
8 ~ 10 层	21	2019 年 06 月 06 日	2019 年 06 月 26 日	7 天/层
11 ~ 20 层	70	2019 年 06 月 27 日	2019 年 09 月 04 日	7 天/层
21 ~ 31 层	77	2019 年 09 月 05 日	2019 年 11 月 20 日	7 天/层

3. 工程项目总控计划

针对装配式施工所展现的高精度结构布置、预制保温夹心板外立面及低湿作业特性，工程总控计划旨在通过一系列创新措施，如部署附着型移动脚手架、应用铝合金模板、提前引入施工外电梯、设置止水导水层等，以优化施工流程、压缩建设周期为核心目标。这一计划实现了结构施工、初步装修、精装修的并行作业，构建了一个由内至外、自上而下的立体交叉施工模式，极大提升了施工效率。

实施策略首先聚焦于对装配式建筑项目的全面工序分析，通过详尽梳理从结构施工至交付入住的每一环节，绘制详尽的工序流程图，为精细化管理奠定基础。随后，依据总体工期目标，我们对结构施工流程进行深度优化，灵活安排初装修、精装修及外檐施工的提前介入，从而有效缩短整体建设周期。

在结构施工时间框架明确后，大型机械设备的使用周期也随之锁定。在总控计划中，明确标注各类机械的租赁期限，并以此为基准，逆向推算资质审批、基础施工完成及进场安装等关键节点的时间表。在机械作业阶段，我们需根据既定楼层高度精确标注锚固点位置，确保机械作业的高效衔接与顺利进行，进一步优化施工流程，提升项目整体执行效率。

在复杂的装配式建筑施工管理中，总控网络计划与立体循环计划是确保项目高效推进与质量控制的两大核心策略。总控网络计划，作为项目管理的顶层设计，紧密围绕总工期目标，细致规划了从结构施工到初装、再到精装的三大关键阶段，并辅以一系列支持性规划，如结构施工进度、装修工程进度、材料采购、分包管理、设备安装、资金流管理及详细的单层施工工序与流水阶段规划等，共同构建了一个多维度、多层次的项目管理体系。该计划尤为突出的优势在于其清晰展现了各阶段之间的穿插节点，确保"结构→初装→精装"三大施工流程的无缝衔接，同时，这也为物资生产与分包单位的协同作业提供了明确的指引，有效提升了质量控制的整体水平。

立体循环计划则是在总控网络规划的基础上，进一步细化施工空间的垂直利用与作业流程的循环优化。它遵循国家总体控制框架与各项专项规划，通过统一的调度安排，实现了结构与装修作业在垂直空间上的同步进行，极大地提高了施工效率。高层建筑的立体穿插施工技术具体体现在：从当前楼层 N 开始，逐层向上推进，每一层都承担着不同的施工任务，如 $N+1$ 层的铝模板倒运、$N+2$ 至 $N+3$ 层的外檐铺设、$N+4$ 层的导水层施工直至更高楼层的各种装修作业，如地暖安装、墙地砖铺设、五金洁具安装等，形成了一个连续不断、逐层递进的立体作业循环。这种技术不仅显著加快了施工进度，还通过精细化的分层管理，确保了每一道工序都能达到既定的质量标准，从而全面提升了项目的整体建设水平。

4. 构配件进场组织

构件进场计划作为产业化施工的一大特色，尽管其核心理念与常规施工中的大宗材料进场计划存在共通之处，但具体执行上却凸显了产业化的独特优势。一旦结构总工期得以明确，构件进场计划的编制工作便可随之启动，同时，伴随此计划的是对构件存放场地的精心布局及预制构配件进场策略的细致规划。值得注意的是，在项目实施过程中，面对现场实际情况的动态变化及与构件生产厂家的持续沟通，我们需灵活调整并细化进场计划，确保具体到每一件构件的进场时间点及其规格型号，形成具有高度操作性的进场指导方案，以支撑施工活动的顺畅进行。

5. 资金曲线

基于项目施工总计划网络，我们构建了一个以时间轴为横坐标、资金使用百分比为纵坐标的资金曲线图，该图以累积曲线的形式直观展现了项目全生命周期的资金流动情况。曲线坡度陡峭的区段直接映射出资金投入百分比的快速增长，特别是在结构施工阶段，曲线坡度最为显著，表明这一阶段资金需求尤为集中且增长迅速。

通过将具体施工任务的执行情况精确映射到时间轴上，我们能够进一步细化出月、季度、年度的资金需求预测，为项目资金管理提供了有力的数据支持。从甲方的视角审视，这条资金曲线不仅是工程款支付比例与进度的直观反映，更是指导其合理安排资金调度、确保工程顺利推进的重要依据。在曲线坡度陡增之前，甲方需提前筹备充足资金，以防资金链断裂影响项目运行。

而对于施工方而言，这条曲线则是其产值报量收入数的直接体现，该收入数细分为产值核算与工程款收入两部分，准确反映了每月完成工程形象进度所对应的经济回报。基于这一总控网络，我们结合既定的时间节点与施工内容部署，精准计算出各阶段的资金使用需求，实现了资金需求与具体时点的精准对接，为项目的财务规划与成本控制提供了坚实的决策基础。

6. 劳动力计划

根据施工进度计划，我们可生成不同层次（项目、楼栋）的劳动力计划。装配式建筑项目现场施工涉及多个工种（表5-7）。

表 5 – 7 装配式建筑项目现场施工工种统计

楼栋	序号	工种	人数
A、B 栋 （双栋劳动力计划）	1	预制构件安装工	8
	2	信号工	2
	3	司索工	2
	4	钢筋工	16
	5	木工	16
	6	混凝土工（三栋合用一个班组）	14
	7	杂工	8
C 栋 （单栋劳动力计划）	1	预制构件安装工	8
	2	信号工	2
	3	司索工	2
	4	钢筋工	8
	5	木工	8
	6	混凝土工（三栋合用一个班组）	14
	7	杂工	4

第三节 装配式建筑项目质量控制

一、装配式建筑施工企业应具备的条件

预制装配式施工作为一种综合性的混凝土建筑建造模式，其对建筑施工单位的要求极为严格，以确保施工过程的顺畅、建筑构件的质量与安全性均达到既定标准。目前，尽管国家层面尚未对装配式施工单位的具体要求作出明确界定，但住建部门已积极倡导实施集设计、制造、施工于一体的总承包模式，以推动装配式建筑的发展。在此背景下，装配式建筑施工企业除了需满足政府或业主设定的基本硬性条件外，还必须具备一系列软实力：丰富的装配式建筑施工管理经验、掌握国内外前沿的施工技术；建立并维护一套健全完善的施工管理制度与工程质量保障体系；拥有充足的专业技术人员与技能工人，他们应具备丰富的装配式施工实战经验；同时，企业还需配备适应装配式施工需求的各类施工吊装设备、交通工具及其他必要设施，以全面支撑装配式施工的高效、安全进行。

二、装配式建筑质量管理体系

装配式施工技术虽与常规工程施工在基本流程上存在共通之处，但其独特之处亦不容忽视。施工单位需构建一套全面而科学的技术质量保证体系，配备充足且专业的

质量技术人员，以确保各项质量管理体系、行业规范及标准得以严格执行。针对预制装配式施工的特殊管理模式，我们不仅要沿袭传统施工企业所必备的工程进度、安全、质量及物料管理等制度体系，还需深入考量其特有需求，如构件起重吊装、结构布局与连接技术的特殊要求，进而对既有管理制度进行针对性的调整与优化。

具体而言，这包括对装配式施工构件从生产制造到运输、进场堆放，再到装配作业的全方位管理优化，涉及构件制造的精度控制、运输途中的保护措施、进场堆放的科学规划、吊装施工的安全高效执行等各个环节。同时，针对结构件的进场、堆放、布置及灌浆作业，我们需制定详细作业指导，确保每一步骤均符合高标准要求。此外，合理规划构件现场堆放区域与塔式起重机械的安装位置，也是提升施工效率与安全性的关键。

装配式建筑施工的质量管理必须是一个贯穿全周期、全链条的过程，它不仅涵盖构件生产、运输、进场、堆放、吊装等各个施工环节，还强调各环节的紧密衔接与高效协同，以确保最终工程质量达到预期标准。

三、质量控制的基本要求

在施工过程中，我们严格执行"三检"制度，即每道工序完成后，首先进行自查与互审，随后进行交接检查，待各方确认无误后，再由技术质量员进行复核，并完善相关资料。这一系列流程均通过监理工程师的审核检验后，方可进入下一施工阶段。同时，所有构件在进场前均须经历严格的质量检验，确保合格后方可投入使用。对于套筒灌浆作业，我们提前提交构件装配质量报告给监理方，待其确认合格后，方可进行灌浆作业，且灌浆作业的全过程均在监理监督下进行，并详细记录作业情况。此外，在商业混凝土施工前，我们会对随车提供的混凝土材料进行严格审核，同样在获得监理批准并签发施工令后，方可正式开展混凝土施工，确保每一步骤都遵循高标准的质量控制流程。

第六章　装配式建筑抗震性能研究

第一节　装配式建筑抗震设计原理

一、装配式建筑抗震设计基本原则

在当今快速发展的建筑领域，装配式建筑凭借其施工速度快、资源消耗低、环境影响小等优势，正逐步成为建筑业转型升级的重要方向。然而，面对自然灾害尤其是地震的挑战，装配式建筑的抗震设计显得尤为重要且复杂。为确保装配式建筑在地震中的安全性、适用性、经济性与创新性，以下是我们对装配式建筑抗震设计核心原则的深入阐述与扩展。

安全性原则是抗震设计的基石，它要求装配式建筑在遭遇地震时，整体结构能够保持高度稳定，有效抵御倾覆、滑移及倒塌的风险。其依赖精妙的结构布局，构件间采用的高强度、高韧性连接方式，以及优选的高性能材料如高强度钢与轻质高强混凝土的应用，三者共同构建了抵御地震灾害的坚固防线。

适用性原则强调设计需紧密贴合实际，既要符合国家与地方抗震规范，又要灵活应对不同地区的地震活动特性与场地条件，确保设计方案的合法性与合理性。同时，装配式建筑的设计不应仅局限于抗震性能，还需兼顾使用功能的多样性，实现功能、安全与美观的和谐统一。

经济性原则要求在保障安全的前提下，力求通过优化设计策略降低成本，提升项目整体效益。这包括通过精细化结构设计与构件选型，减少材料浪费；利用模块化、标准化设计加速施工进程，缩短建设周期，并在设计阶段前瞻性地考虑结构的可维护性，以降低未来运营成本。

具体设计原则的细化实施，是确保抗震设计有效性的关键。合理分布结构刚度，避免应力集中；引入耗能减震机制，如阻尼器与隔震支座，以柔克刚，减轻地震冲击；精心设计的节点连接，是结构整体性的保障，需经受住地震力的严苛考验。此外，通过地震作用分析的科学手段，结合必要的实验验证，我们全面评估并持续优化设计方案，确保其在真实地震环境下的表现符合预期。

持续改进与创新是推动装配式建筑抗震设计不断前行的动力。鼓励技术创新，探索新材料、新工艺的应用，突破传统限制；重视经验积累，从已完成项目中汲取教训，提炼成功要素；加强教育培训，提升设计团队的专业素养，为行业培养更多具备前瞻视野与创新能力的专业人才。这一系列举措共同构成了装配式建筑抗震设计不断进步、与时俱进的坚实支撑。

二、装配式建筑抗震设计方法与流程

随着现代建筑科技的日新月异，装配式建筑凭借施工速度快、环境友好度高及质量控制精准等诸多优势，在建筑领域占据了日益重要的地位。然而，这一新型建筑形式在抗震设计层面面临着独特挑战，相较于传统建筑，其抗震性能的保障要求更为精细化的设计策略与严谨的执行流程。本部分我们旨在深入探讨装配式建筑抗震设计的系统化方法与流程，确保该类建筑在应对地震等自然灾害时展现出优异的稳定性与安全性。

具体而言，装配式建筑的抗震设计需从基础概念出发，融合先进的设计理念与工程实践，涵盖从前期地质勘察、结构选型到详细设计、预制构件设计再到施工安装及后期监测维护的全过程。设计中我们需充分考虑地震波的传播特性、建筑自重与荷载分布、节点连接的可靠性等因素，通过科学计算与模拟分析，优化结构布局与构件设计，确保结构体系具有良好的整体刚度和耗能能力。

流程上，首先我们应进行详尽的地质勘察，为抗震设计提供准确的地基条件数据；其次，基于抗震设防目标，合理选择结构体系与材料，确保结构的基本抗震性能；再次，进入详细设计阶段，我们需精细设计预制构件的形状、尺寸、配筋等，特别是节点连接部位，需采用高效可靠的连接方式，以增强结构的整体稳定性；复次，施工过程中，我们需严格控制构件制作精度与安装质量，确保设计意图得以准确实现；最后，通过震后监测与维护，我们及时发现并解决潜在问题，保障建筑长期抗震安全。

（一）抗震设计方法

1. 性能化设计方法

性能化设计方法作为一种先进的抗震设计策略，在装配式建筑领域展现出了其独特的优势与潜力。该方法的核心在于直接关联结构性能目标与抗震设计过程，确保建筑在不同地震烈度下的预期表现。在装配式建筑中的应用，性能化设计方法具体体现在以下几方面：

抗震性能目标的清晰界定：我们需综合考虑建筑的关键属性，如其在社会经济中的重要性、特定的使用需求、所处的地质环境及地震活动水平等，明确设定抗震性能目标。这一环节不仅确立了"小震不坏、中震可修、大震不倒"的基本原则，还可能进一步细化至特定工况下的具体性能期望，如关键区域的最低服务水平保持等。

性能指标的具体量化：我们将上述抽象的抗震性能目标转化为一系列可量化、可评估的性能指标。这些指标包括但不限于结构的最大允许位移、关键节点的加速度响应限制、系统整体的能量耗散能力等，它们共同构成了衡量结构抗震能力的客观标准，为后续设计提供了明确的方向和依据。

结构选型与精细化设计优化：基于量化的性能指标，设计师能够更有针对性地选择最适合的结构体系与构件类型。这一过程不仅关乎结构形式的选择，还深入构件截面尺寸、材料属性、连接方式等多个层面。同时，通过先进的优化算法与模拟技术，我们对设计方案进行反复迭代与优化，旨在以最经济的成本实现既定的抗震性能目标，实现结构安全与经济性的双赢。

性能化设计方法在装配式建筑中的应用，不仅增强了结构的抗震能力，还促进了设计过程的科学性与精细化，为推动建筑行业的可持续发展提供了有力支持。

2. 基于位移的设计方法

基于位移的设计方法，作为一种前沿的抗震设计理念，其核心在于直接将结构位移设定为关键控制参数，以指导装配式建筑的设计过程。此方法的实施路径清晰而系统：首先，依据地震作用下的预期结构响应及既定的性能标准，精准设定结构的目标位移值，这一步骤是后续设计的基石；其次，借助精密的计算分析工具，对结构在地震作用下的实际位移进行详尽的验算，确保其在任何情况下均不会超过预设的目标位移，从而保障结构的安全性；最后，针对设计中识别的任何薄弱环节，采取针对性的加强措施，通过优化结构设计、增强节点连接、提升材料性能等手段，有效提升这些区域的抗震能力，确保整个结构体系能够全面满足目标位移的严格要求，实现抗震性能的最优化。

3. 减隔震设计方法

减隔震设计方法是一种创新的抗震策略，它通过在装配式建筑中巧妙地融入减隔震装置，有效减轻了地震波对结构主体产生的冲击与影响。这一方法的应用流程涵盖了多个关键环节：首先，我们需根据建筑结构的固有特性、预定的使用功能及既定的抗震性能指标，精心挑选适宜的减隔震装置，如高效能阻尼器、先进隔震支座等，这些装置将成为减隔震系统的核心组件；其次，我们通过精密的设计将所选装置与结构主体巧妙连接，构建一个协同工作的减隔震系统，确保地震能量能够得到有效分散与耗散；最后，我们借助先进的计算分析软件或实验室模拟测试，对减隔震系统的实际效果进行全面评估与验证，确保其在真实地震环境中能够显著提升结构的抗震性能，为建筑安全保驾护航。

（二）抗震设计流程

1. 场地评估与勘察

在装配式建筑抗震设计的初期阶段，我们的首要任务是全面而细致地收集场地相关资料，这涵盖了地质构造、地形特征、地貌形态及地震活动的历史与现状等多维度信息。基于这些详尽资料，我们随即展开深入的场地评估工作，通过专业分析评估场地的天然抗震能力，并据此科学划定场地的抗震设防烈度，同时精确计算出适用于该场地的设计地震动参数，为后续设计提供关键依据。紧接着，进行详尽的场地勘察作业，这一环节旨在通过实地勘探，直观揭示场地下的地层构造层次、岩石的物理化学性质及地下水的分布与动态变化等关键地质条件，为设计过程中考虑地质因素对结构抗震性能的影响奠定坚实基础。

2. 结构选型与布置

在装配式建筑的设计初期，需综合考量建筑的多方面需求，包括其特定的功能定位、设计高度与跨度限制等，以此为基础精准选定适宜的结构体系，如稳固的框架结构或高效的剪力墙结构，确保结构形式与建筑需求高度契合。随后，我们深入剖析结构的受力特性与预期的抗震性能指标，科学规划承重构件与支撑体系的布局，以实现力量的均衡传递与地震能量的有效分散。同时，我们充分把握装配式建筑的核心优势，广泛运用模块化与标准化的设计理念，这不仅简化了设计与生产过程，更大幅度提升了施工效率与建筑品质，推动了装配式建筑行业的现代化进程。

3. 抗震分析与计算

在装配式建筑的抗震设计流程中，首要步骤是根据既定的结构选型与布局方案，精确构建结构的有限元模型。这一模型是后续分析工作的基础，它需准确反映结构的几何形态、材料属性及连接方式等关键特征。随后，依据结构的具体特点与预期的抗震性能标准，我们精心挑选适宜的地震分析方法，如时程分析法或反应谱法等，以确保分析结果的准确性与可靠性。紧接着，我们运用所选方法，对结构模型进行详尽的地震作用下的计算分析，这一过程不仅涵盖了结构在地震波作用下的动力响应模拟，还涉及对结构关键部位应力、位移等参数的细致评估，从而全面而客观地评价结构的抗震性能，为后续设计优化提供坚实的数据支撑。

4. 抗震设计优化

在结构分析的基础上，通过详尽的计算结果识别出结构体系中的潜在薄弱环节及应力高度集中区域，这些区域往往是抗震性能的关键所在。针对这些识别出的薄弱点，我们采取针对性的加强设计措施，通过增设加强构件、调整材料规格或优化连接方式等手段，有效提升结构的整体抗震能力，确保其在地震作用下的稳定与安全。同时，我们结合成本效益考量，进一步优化结构的整体布置与构件选型，力求在保障结构安全性能的同时，降低建造成本并提高施工效率，实现结构设计与经济性的双重优化。

5. 减隔震设计

在装配式建筑抗震设计中，针对特定的抗震性能需求与场地条件，我们的首要任务是精心挑选适宜的减隔震装置。这些装置旨在通过吸收或分散地震能量，减轻结构在地震作用下的响应。随后，进入减隔震系统的设计阶段，此阶段的核心在于将选定的减隔震装置与结构主体进行科学合理的连接设计，确保两者间既能有效协同工作，又能保持结构的整体稳定性。最后，通过严谨的计算分析，我们对减隔震系统的实际效果进行验算，验证其是否能够有效降低地震对结构主体造成的冲击与影响，从而全面保障结构的抗震安全性与稳定性。

深入剖析上述抗震设计方法与实施流程，我们不难发现，装配式建筑在抗震设计领域内的复杂性要求我们必须全方位、多维度地考量各种关键因素与策略。这一过程不仅涉及结构体系的选择、承重与支撑体系的优化布局，还涵盖了减隔震技术的融入、薄弱环节的针对性强化，以及对施工效率与成本控制的精细把握。唯有遵循科学严谨的设计原则与方法，并严格执行施工流程，我们方能确保装配式建筑在面临地震挑战时展现出卓越的抗震性能，从而坚实地守护人们的生命财产安全，推动建筑行业向更加安全、高效、可持续的方向发展。

第二节 装配式木结构抗震性能分析

一、装配式木结构抗震性能评估方法

装配式木结构作为一种古老又现代的建筑形式，因其独特的环保性、可再生性和美观性而备受青睐。然而，随着地震灾害的频发，对装配式木结构的抗震性能进行评估显得尤为重要。本部分我们将从三个方面详细探讨装配式木结构抗震性能评估的方法。

（一）静力分析评估法

静力分析评估法，作为一种基于结构静力学原理的深入抗震性能评价方法，为装配式木结构的安全性与稳定性提供了科学依据。该方法通过系统而细致的分析流程，全面评估结构在地震前的潜在表现，确保其在静态及动态荷载作用下的稳健性。

荷载精准计算是静力分析评估的首要步骤，它要求细致考虑作用于装配式木结构上的各类荷载，包括但不限于恒定的结构自重、可变的活载（如人群、家具重量等）、环境荷载等。这一过程需严格遵循国家及行业标准，结合结构的具体地理位置、使用目的及建筑高度等因素，确保荷载计算的精确无误，为后续分析奠定坚实基础。

结构模型精细化构建紧随荷载计算之后，我们利用先进的工程仿真软件（如ANSYS、SAP2000 等），根据结构的几何尺寸、材料物理力学性能、节点连接方式等翔实数据，构建出高度逼真的力学模型。这一模型不仅需准确反映结构的静态特性，还需具备一定的动态响应预测能力，为后续分析提供强大支持。

全面静力分析是评估的核心环节，通过对结构在静力荷载作用下的位移、内力分布及稳定性进行详尽分析，我们揭示结构的刚度、强度及整体稳定性状况。在此阶段，我们特别关注结构中的薄弱环节及关键受力部位，通过精细化的计算与模拟，确保分析结果的精准与可靠。同时，我们结合结构材料的非线性特性与长期效应，使分析结果更加贴近实际工况。

抗震性能综合评估基于静力分析结果，采用科学的评估体系对装配式木结构的抗震性能进行全面审视。评估不仅限于位移、内力等量化指标是否满足规范要求，更关注结构在极端条件下的整体表现与冗余度。对于发现的问题，如位移超限、局部应力集中等，我们提出针对性的加固措施或优化设计建议，确保结构在地震等自然灾害面前具备足够的抵御能力，从而有效保障人民生命财产安全。

（二）动力分析评估法

动力分析评估法，作为一种先进的抗震性能评价方法，深深植根于结构动力学原理之中，专为精确评估装配式木结构在地震环境下的表现而设计。此方法从地震动输

入开始，这一环节至关重要，它要求精确捕捉地震活动的本质特征，通过细致考量地震烈度、加速度峰值及反应谱等关键参数，并紧密结合结构所在区域的地震区划和地震活动性，确保地震动输入的科学性与合理性，严格遵循行业规范与标准，为后续分析奠定坚实基础。

紧接着，构建装配式木结构的精细化力学模型成为核心任务。该模型不仅需精准复刻结构的几何形态，还需深入体现其材料属性的复杂性、连接方式的独特性，以及阻尼特性的微妙影响，力求在每一个细节上还原结构的真实物理行为，确保动力分析的准确性。

进入动力分析阶段，时程分析、反应谱分析及随机振动分析等多维度手段被综合运用，以全面剖析结构在地震激励下的动态响应。这一过程不仅揭示了结构的固有动力特性，还通过位移、加速度等关键响应指标的量化，直观展现了结构在极端条件下的性能表现。尤为重要的是，分析过程中我们特别关注结构的非线性行为特征与动力失稳风险，通过高级算法与模型修正技术，有效提升了分析结果的精确性与可靠性。

最终，基于动力分析所得的详尽数据，装配式木结构的抗震性能评估得以系统展开。评估框架全面覆盖了最大位移限制、加速度峰值控制及损伤程度评估等多个维度，严格对照预设的安全阈值，对结构在地震中的表现进行客观评判。一旦发现结构响应超出安全界限，即意味着抗震能力存在不足，随即触发加固策略制定或设计优化流程，确保装配式木结构能够在未来地震事件中展现出卓越的抗震韧性与安全性。

（三）实验评估法

实验评估法，作为一种直观且深入的抗震性能验证手段，其核心在于通过构建高度仿真的装配式木结构实验模型，并借助先进的地震模拟技术，直接检验结构在地震作用下的实际表现。

实验模型的精心搭建是实验评估法成功实施的前提，它要求严格按照实际工程的尺寸比例、材料特性及构造细节进行复制，确保实验模型在物理属性上与原型结构高度一致。此外，为确保实验过程的安全可控，我们还需对模型进行必要的结构加固与防护措施设计，如增设支撑结构、安装安全围栏等，以防意外发生。

地震模拟实验的精密实施是评估的关键环节，它利用振动台、地震波发生器等高端设备，能够精确模拟出不同强度、不同频谱特性的地震波，对实验模型进行全方位的动态加载，通过观察模型在不同地震工况下的响应行为，如摇摆、变形、振动等，直接获取结构动力特性的第一手资料。

数据采集与分析的细致入微是确保评估结果准确性的重要保障。在实验过程中，布置于模型关键部位的位移计、加速度计、应变片等传感器，实时捕捉并记录着结构的各项动态响应数据。随后，通过专业的数据采集系统与数据分析软件，我们对这些海量数据进行精细处理与深度挖掘，提炼出结构在地震作用下的位移峰值、加速度响应、应力分布及损伤演化规律等关键性能指标。

抗震性能的全面评估基于翔实的数据支撑与深入的分析结果，对装配式木结构的抗震能力进行综合评价。评估不仅限于量化指标的比较，如最大位移量、加速度峰值等，还深入探讨结构的损伤模式、能量耗散机制及潜在失效路径。通过与理论预测结果的对比验证，我们不仅检验了理论模型的适用性与准确性，更为实际工程中的抗震设计提供了宝贵的实验数据与设计灵感，推动了抗震设计理论与实践的紧密结合与共同进步。

二、装配式木结构抗震性能影响因素

装配式木结构作为一种传统的建筑结构形式，在现代建筑领域中仍然占据着重要的地位。其抗震性能是衡量其安全性的重要指标之一。然而，装配式木结构的抗震性能受到多种因素的影响。本部分我们将从材料特性、设计参数及连接方式三个方面，详细探讨装配式木结构抗震性能的影响因素。

（一）材料特性

材料特性，特别是木材的固有属性，在装配式木结构的抗震设计中扮演着举足轻重的角色。作为大自然的馈赠，木材以其独特的物理与力学性能，对结构的整体抗震表现产生深远影响。

首先，木材种类的选择是构建抗震性能优越装配式木结构的基础。硬木以其卓越的强度和硬度成为承受高荷载与抵抗地震力的理想选择，而软木虽在某些方面稍显逊色，但在特定设计需求下亦能发挥其独特优势。因此，设计师需根据项目的具体使用场景与抗震设防等级，精心挑选最适宜的木材种类，确保结构既经济又高效。

其次，木材的含水率与密度作为关键性能指标，直接关联其力学性能的稳定性。过高的含水率如同隐形的侵蚀者，悄然削弱木材的强度与刚度，降低结构的整体抗震能力。反之，密度不足则可能导致木材在长期使用中更易受损，影响结构的耐久性与安全性。因此，在材料准备阶段，严格的含水率与密度控制成为不可或缺的一环，确保每一块木材都能达到设计预期的性能标准。

最后，木材的缺陷与损伤问题同样不容忽视。从自然生长的痕迹到加工过程中的不慎，裂纹、节疤、腐朽等现象如同潜藏的威胁，时刻准备着削弱结构的完整性。为避免这些不利因素对抗震性能造成损害，选材时我们需练就一双慧眼，细致甄别每一块木材，确保它们表面光滑、质地均匀，无显著缺陷与损伤。同时，加工过程中我们也应采取科学合理的工艺措施，进一步减少人为因素造成的损伤，为装配式木结构的抗震安全保驾护航。

（二）设计参数

设计参数在优化装配式木结构抗震性能中扮演着至关重要的角色，它们的精心设定能够最大限度地激发结构的固有优势，确保其在地震作用下的稳健表现。以下是我们对几个核心设计参数的深入解析与扩展：

首先，结构形式与布局作为抗震设计的基石，其选择需兼顾高效性与适应性。合理的结构形式不仅能够分散地震能量，减少应力集中现象，还能通过巧妙的布局策略平衡结构各部分的刚度与质量分布，抑制不均匀变形，从而提升整体稳定性。在规划阶段，设计师需深入理解建筑的使用需求、所处地震区的特性及未来可能遭遇的地震动模式，以此为依据，灵活选用如框架、剪力墙或混合结构等形式，并精心布置承重体系与支撑构件，确保结构在地震中的安全表现。

其次，截面尺寸与配筋方案的精细调控对于增强结构的承载能力与抗震韧性至关重要。截面尺寸作为结构刚度的直接体现，其大小需根据预期的荷载水平与抗震等级合理确定，既避免过度冗余导致的材料浪费，又确保结构在极端条件下不失稳。而配筋设计则着眼于提升结构的延性与能量耗散能力，通过科学合理的钢筋布置，引导裂缝发展路径，提高结构在往复荷载下的抗疲劳性能。在配筋过程中，我们应充分考虑木材与钢筋的协同工作机制，实现刚柔并济，共同抵御地震作用。

最后，阻尼特性与周期参数的设定直接关系到结构在动力作用下的响应特性。阻尼作为结构内部能量耗散机制的重要一环，其大小直接影响地震波的衰减速度与结构振动幅度，合理设置阻尼比可显著减轻地震对结构的冲击效应。而周期参数则决定了结构对特定频率地震波的共振敏感性，通过调整结构自振周期，使之避开地震波的主要能量频段，可有效降低结构响应峰值。在设计中，我们需借助先进的动力分析手段，结合地震波的频谱特性与结构的动力响应模式，精准设定阻尼与周期参数，确保结构在地震中的动态稳定性。

（三）连接方式

连接方式的科学规划与精确执行，对于装配式木结构抗震性能的塑造具有无可替代的重要性。它不仅关乎结构在地震冲击下的受力传递效率，更直接影响到整体结构的稳固与安全。

首先我们聚焦于节点连接方式，这是装配式木结构抗震设计的核心环节。节点，作为力的交会点，其连接方式的选择与设计需深思熟虑，确保能够有效抵御地震产生的复杂应力与变形，维护结构的整体性不被破坏。螺栓连接、齿板连接等先进技术的引入，不仅提升了节点的承载能力，还通过精细的设计与计算，确保了连接的可靠性与经济性。

其次，墙体与楼板的连接方式同样不容忽视。这两者的紧密协作，构成了结构横向与纵向的承重体系，其连接方式的合理性直接关系到结构在地震中的表现。采用柔性连接或滑动支座等创新设计，不仅能够减轻地震波对结构的直接冲击，还能通过合理的变形吸收能量，保护结构免受严重损伤。

最后，预制构件之间的连接方式也是抗震设计中的关键环节。在装配式木结构中，预制构件的精准拼接与稳固连接，是保障整体结构稳定性的基石。螺栓连接、焊接等技术的恰当应用，结合严谨的设计与计算，确保了预制构件之间能够形成坚不可摧的整体，共同抵御地震的侵袭。

装配式木结构的抗震性能是一个多因素综合作用的结果。在设计中，我们不仅要深入考虑木材的材质特性、科学合理的参数设定，更要精心策划并执行每一个连接细节，确保从节点到整体、从局部到全局的协调统一。同时，施工过程中的质量控制与工艺流程的严格遵守，也是确保设计意图得以完美实现、结构安全稳定的重要保障。

第三节　装配式钢结构抗震性能分析

一、钢结构抗震性能评估指标

（一）结构变形能力

结构变形能力，作为衡量钢结构抗震性能的核心维度之一，深刻揭示了结构在遭遇地震等动态荷载时抵抗形变并维持整体架构稳定的内在潜力。这一指标不仅关乎结构的即时响应特性，更直接影响到其长期承载效能与安全边际。

在探讨结构变形能力时，弹性变形与塑性变形两大方面构成了分析的主体框架。弹性变形，作为结构在地震波激励下展现出的可逆性形变特征，是评估结构刚性与恢复力的直观体现。当结构经历较小幅度的振动与形变后，其若能迅速且完全地回归原状，则表明其具备良好的弹性变形能力。这一能力的强弱，往往取决于结构的材质特性（如钢材的弹性模量）、截面设计的合理性及节点连接的稳固性等多重因素。

而塑性变形，则是结构在极端条件下展现出的另一种重要变形模式。当地震能量累积至足以突破结构的弹性极限时，塑性变形随之发生，标志着结构进入了不可逆的形变阶段。塑性变形能力的大小，不仅是结构耗能机制与延性特质的直接反映，也是衡量其在地震中吸收能量、减缓冲击效应的关键指标。具备较高塑性变形能力的结构，能够在地震过程中有效耗散能量，延缓结构破坏进程，从而保护主体安全。

因此，在全面评估钢结构的变形能力时，我们必须统筹兼顾弹性变形与塑性变形两大层面。通过精细化的数值模拟、实验室测试或现场监测等手段，我们精准捕捉结构在地震作用下的实际变形情况，并将其与设计规范中设定的变形限值进行细致比对。这一过程不仅是对结构变形能力的一次全面检阅，更是对结构安全性能与设计合理性的深刻验证，为后续的抗震设计优化与加固改造提供了宝贵的参考依据。

（二）耗能能力

耗能能力，作为钢结构抗震性能评估体系中的关键维度，深刻揭示了结构在地震环境下吸收并有效耗散能量的潜能，这一能力直接关系到结构在地震中的安全底线。具体而言，耗能能力的评估涉及两大核心机制：滞回耗能与阻尼耗能，二者相辅相成，共同构筑起结构抗震的坚固防线。

滞回耗能是指钢结构在地震波的持续激荡下，通过循环往复的振动与形变，将地震能量逐步转化为热能或其他形式的非弹性变形能，从而实现对地震能量的有效消耗。这一过程不仅依赖钢材本身的材质特性，如屈服强度、延展性等，还深受结构截面尺寸的优化设计、构件间连接方式的巧妙安排及节点区域的精细构造所影响。合理的滞回耗能设计，能够使结构在经历强烈地震时，依然保持足够的稳定性与完整性。

另外，阻尼耗能则侧重于结构自身阻尼特性的利用。阻尼，作为结构振动过程中固有的能量耗散现象，其大小直接关联于结构的阻尼比、阻尼系数等关键参数。通过优化结构设计，提高结构的阻尼特性，我们可以进一步增强结构在地震中的耗能能力，减少不必要的振动幅度，保护结构免受过度损伤。阻尼耗能机制与滞回耗能机制相互补充，共同提升钢结构在地震作用下的整体耗能效率。

在评估钢结构的耗能能力时，我们必须全面审视滞回耗能与阻尼耗能两大方面，通过精细化的分析与计算，准确把握结构在地震中的实际耗能表现，并与设计要求进行严谨对比，以确保结构具备足够的耗能能力，以应对未来可能遭遇的地震挑战，保障人民生命财产安全。

（三）延性系数

延性系数，作为钢结构抗震性能评估中的另一把关键标尺，深刻刻画了结构从弹性极限跨越至塑性域并持续承载形变而不失稳的能力，直接关联着结构在地震冲击下的安全边际。其计算核心在于平衡结构的极限承载潜能与初始屈服点，前者标志着结构在极端条件下的最大支撑力，后者则是塑性变形初现的门槛。延性系数，这一比值，直观展现了结构在遭遇更强地震力时的适应性与韧性储备。

在评估延性系数时，我们需全面审视结构特性，包括材料的固有属性、截面设计的精细考量、连接技术的稳固性及节点构造的创新性，这些因素共同塑造了结构的延性轮廓。同时，结合结构的实际应用场景与地震活动的地域特征，进行个性化分析，确保评估结果贴近实际，具有指导意义。通过对比实测延性系数与设计规范中的阈值，我们能够精准判断结构延性是否达标，为抗震设计优化提供量化依据。

此外，钢结构抗震性能的全面评估还需纳入更多维度的考量，如结构的刚度与质量的均衡分布、整体结构形式的合理性等，这些因素相互作用，共同影响着结构的动态响应与抗震表现。因此，评估过程需秉持系统性思维，综合权衡各因素间的协同效应，确保评估结果的全面性、准确性及实用性。最终，我们旨在通过科学的评估手段，为钢结构的设计与加固策略提供坚实的数据支撑，确保工程在地震等自然灾害面前展现出卓越的抗震韧性。

二、钢结构抗震性能优化措施

（一）材料选择与质量控制

材料选择与质量控制作为钢结构抗震性能优化的基石，其重要性不言而喻。在这一领域，高强度钢材的应用无疑是提升结构整体性能的关键一步。高强度钢材，以其卓越的屈服强度与极限强度特性，为钢结构提供了更为坚实的承载基础，使之在复杂多变的受力环境下仍能保持稳定。同时，这类钢材往往展现出良好的延性，这意味着在地震等极端条件下，它们能更有效地吸收并耗散能量，从而减轻结构损伤，保障整体安全。

然而，仅有高质量的钢材选择还远远不够，钢材的质量控制同样至关重要。从源头把控，选择信誉好的供应商，是确保钢材品质的第一步。随后，严格的质量检测机制如同筛网，将任何潜在的不合格产品拒之门外，确保每一块用于结构的钢材都能满足设计的高标准与严要求。

此外，针对钢材易腐蚀、易受损于火灾的特性，防腐与防火处理成了不可或缺的一环。通过采用先进的防腐技术，如涂刷高性能防腐涂料或实施镀锌处理，我们能够有效隔绝外界侵蚀因素，延长钢材使用寿命，保持其强度与延性。而在防火方面，设置防火隔离层、采用耐火材料等策略，则为钢结构筑起了一道坚实的防火墙，使其在火灾发生时仍能维持一定的承载能力，为人员疏散与救援争取宝贵时间。

材料选择与质量控制是钢结构抗震性能优化的双轮驱动。通过选用高强度钢材、实施严格的质量控制措施及加强防腐与防火处理，我们可以为钢结构打造出一个更加坚固、耐久且安全的抗震体系，以应对各种自然灾害的挑战。

（二）结构设计优化

结构设计作为优化钢结构抗震性能的核心策略，其精妙布局与精细构造对提升结构整体刚性与延性、削弱地震响应具有决定性作用。首先，合理的结构布局是基石，它依据建筑功能定位与场地特定条件，精心规划柱、梁、板等承重构件的位置与走向，确保荷载传递路径清晰高效，结构受力均衡，有效缓解地震力引发的变形与应力集中问题，并审慎避开将关键设施置于结构脆弱环节，以降低潜在破坏风险。

其次，截面形状与尺寸的优化设计是提升结构性能的关键步骤。通过深入分析结构受力特性与抗震目标，精准选定截面几何形态与材料规格，实现受力集中区域采用增强型截面与高等级钢材，而受力较轻区域则相应缩减截面尺寸与材料等级，此举不仅优化了材料使用效率，减轻了结构自重，还显著增强了结构的抗震韧性。

最后，创新性地引入耗能构件这是结构设计中的亮点之一。这些特别设计的元素，如耗能支撑与耗能钢板，被巧妙融入结构的关键节点与受力敏感部位。在地震来袭时，它们能够主动承担变形与耗能任务，有效吸收并分散地震能量，从而显著减轻主体结构的受损程度，为钢结构在极端条件下的安全稳定提供了坚实保障。

（三）节点连接优化

节点连接，作为钢结构抗震设计中的关键脆弱点，其优化对于提升整体抗震性能至关重要。设计过程中，首先我们应聚焦于节点形式的合理选择，依据节点的具体受力特性与抗震设防要求，精准匹配刚性、半刚性或铰接等连接形式，确保力的传递高效且均匀，减少应力集中现象。

其次，节点连接的加固策略亦不容忽视。通过巧妙运用加强板、加劲肋等强化手段，以及确保焊缝饱满、螺栓紧固等细节处理，显著增强节点的承载能力与变形延性，为结构在地震中的稳定表现奠定坚实基础。

最后，创新性地引入耗能节点设计，更是提升抗震性能的一大亮点。这类节点能够在地震冲击下主动承担变形与能量耗散任务，通过内置耗能元件或利用摩擦机制，有效减轻主体结构的负担，显著降低节点乃至整个结构的破坏风险。

钢结构抗震性能的全面优化，是一个涉及材料甄选、结构设计精细化与节点连接创新化的系统工程。通过采用高品质钢材、科学规划结构布局与截面尺寸并巧妙融入耗能机制，我们能够构建起更加坚韧、灵活的抗震体系，确保钢结构建筑在地震等极端环境下依然屹立不倒，守护人们的生命财产安全。

第四节　装配式混凝土结构抗震性能分析

一、混凝土结构抗震性能评价标准

（一）抗震性能评价指标

混凝土结构抗震性能的综合评价依赖一系列精心设定的评价指标，这些指标共同构成了全面、精准衡量结构地震响应能力的框架。具体而言，强度指标作为基石，直接关联着结构在地震力作用下的承载极限与屈服阈值，通过静力或动力测试手段获取，是评价结构抗震潜力的基本标尺。延性指标则聚焦于结构的变形韧性与能量耗散能力，良好的延性意味着结构能在显著变形下保持完整，有效吸收并分散地震能量，其量化方式涵盖延性系数与耗能能力等多维度考量。

刚度指标揭示了结构抵抗变形的能力，刚度较高的结构在地震中变形受限，有助于减轻损害程度，初始刚度与割线刚度等参数为此提供了量化依据。而损伤指标则直观展现了地震后结构的实际受损状况，包括裂缝的宽度与数量、混凝土的剥落程度等，这些直观信息对于快速评价结构安全性及指导后续加固措施至关重要。这些评价指标相辅相成，共同构成了混凝土结构抗震性能评价的全面体系。

（二）抗震性能评价方法

抗震性能评价方法构成了对混凝土结构抗震能力科学评价的核心框架，这些方法依据特定的评价指标，系统地对结构的抗震潜力进行量化分析。其中，静力弹塑性分析法以其独特视角，通过模拟静力荷载下的弹塑性行为，捕捉结构的延性与耗能特性，为初步评估提供有力支撑。而动力时程分析法则更进一步，直接引入实际或模拟的地震波，动态分析结构响应，真实再现地震作用下的结构表现，适合深入探究抗震细节。增量动力分析法则展现了其全面性，通过连续调整地震波强度，进行一系列动力分析，不仅揭示了结构在不同震级下的响应特征，还通过统计分析手段，评估了结构的抗震极限与破坏风险，为概率性抗震设计提供了坚实依据。这些方法的综合运用，确保了抗震性能评估的准确性与全面性。

（三）抗震性能评价标准

抗震性能评价标准作为混凝土结构设计与评估领域的关键参照体系，其制定与实施对于保障结构在地震灾害中的安全稳固至关重要。这些标准与规范，由权威的国家或地区机构精心编纂并发布，旨在为工程师们提供一套系统化、科学化的指导原则，确保混凝土结构从设计之初便融入高效的抗震理念。

在设计规范标准层面，它们不仅详细阐明了结构设计的基本原则与参数设置，还明确了构造细节的具体要求，如钢筋配置、节点处理等，为工程师在抗震设计过程中的每一步决策提供了坚实的理论基础与操作指南。以《建筑抗震设计规范》为例，其全面而细致的条款，为提升国内混凝土结构抗震设计水平奠定了坚实基础。

性能评价标准则进一步聚焦于结构抗震性能的量化评价。通过设定明确的性能目标、构建科学合理的评价指标体系及规定具体的评价方法，这些标准使得抗震性能的评价工作有据可依、有章可循。它们鼓励根据项目的特定需求与条件，灵活调整评价标准，以实现更为精准的性能评价，为优化设计与决策过程提供了有力支持。

安全性评价标准则是确保结构安全性的最后一道防线。它们通过明确结构的安全等级划分、破坏极限状态的界定及加固措施的具体要求，为工程师在评估结构安全性及制定加固方案时提供了明确的方向与依据。这些标准不仅关乎结构本身的物理安全，更直接关联到人民生命财产的安全保障，体现了抗震性能评价标准的深远意义与社会责任。

抗震性能评价标准在混凝土结构抗震设计与评价中扮演着举足轻重的角色。它们通过整合先进的设计理念、科学的评价方法与严格的安全要求，为工程师提供了一套全面、系统且可操作的指导框架，确保了混凝土结构在地震作用下的安全可靠，为构建更加坚韧的城市与建筑环境贡献了重要力量。

二、混凝土结构抗震性能设计方法

（一）设计原则

混凝土结构抗震性能设计的核心原则，旨在构建一个既科学又高效的抗震体系，以应对地震带来的挑战。首先，强度与延性的和谐统一原则，这一原则强调在设计之初便需精心平衡两者关系。强度，作为结构抵御地震冲击的基本防线，确保了在地震初期结构能够稳固站立；而延性则是结构在持续震动中展现出的柔韧与韧性，允许结构在发生适度变形的同时而不致崩溃，为人员疏散与后续救援争取宝贵时间。因此，设计时我们应巧妙融合强度与延性，使结构既能承受巨大冲击，又能在变形中保持完整。

其次，多道防线原则进一步强化了结构的抗震韧性。这一原则倡导在设计中巧妙布局，通过多层次的抗震构造与措施，构建起一道道坚实的防御屏障。当地震来袭，第一道防线首当其冲，吸收并分散部分能量；随着震级提升，后续防线依次被激活，协同作战，共同抵御更强烈的地震作用。这种层层递进的设计策略，极大地提升了结构的整体稳定性和安全性，确保其在地震中的生存能力。

最后，构造措施与计算分析的紧密结合，是抗震设计不可或缺的一环。计算分析，作为理论支撑与量化评估的工具，为设计提供了精准的数据支持与方向指引；而构造措施，则是将这些理论构想转化为现实结构的关键步骤。两者相辅相成，共同确保了设计的合理性与可靠性。在计算分析的基础上，通过精细的构造设计，我们将抗震理念融入每一个细节之中，从而构建出一个既符合理论预期又能在实际地震中表现出色的抗震结构体系。

（二）设计步骤

混凝土结构抗震性能设计的系统流程确保设计的严谨性与全面性，具体步骤如下：首要任务是深入进行场地与地震作用分析，详尽探查场地地质、地形地貌特征，并依据这些条件精准选取地震动参数与模型，为后续设计奠定坚实的数据基石。其次，基于分析结果进行结构选型与布局优化，兼顾建筑功能需求与场地实际，精选结构形式与布局策略，强调结构的规则性与对称性，规避潜在薄弱区域与不规则设计。再次，聚焦于截面设计与配筋策略，依据结构的受力特性与抗震要求，精心设定截面尺寸、形态及配筋方案，特别强调提升结构的延性与耗能潜力，以应对地震作用下的复杂变形需求。

节点设计作为关键环节，其重要性不容忽视，我们需细致规划节点构造与连接方式，确保节点区域在地震冲击下依然保持高强承载能力与良好延性，从而维护整体结构的稳定与安全。最后，实施全面的计算分析与设计校核，运用静力、动力分析等先进手段，对结构性能进行深度评价，并根据分析结果精准调整设计方案，直至全面满足抗震设计的高标准要求，确保混凝土结构在地震中的卓越表现。

（三）关键技术措施

在优化混凝土结构抗震性能的设计征途中，一系列关键技术措施的应用显得尤为关键。首先，通过巧妙地设置抗震缝，我们能够将庞大的结构体巧妙地分割成若干独立单元，每个单元在地震的撼动下能够自如地变形与耗能，有效减轻了整体结构的受损程度，展现出分而治之的智慧。

其次，针对结构中的关键受力部位，实施针对性的加强策略，如增设加强梁、强化柱体等，这些强化措施犹如为结构穿上了坚固的铠甲，在地震冲击下提供额外的支撑与束缚，有效控制了结构的形变与损伤，确保了关键环节的稳固性。

再次，耗能机制的引入为结构设计增添了新的维度。耗能支撑与节点的巧妙布置，使得结构在遭遇地震时能够主动吸收并耗散大量能量，通过自身的变形与耗能机制，有效减轻了地震对主体结构的冲击，展现了结构设计的主动防御能力。

最后，新材料与新技术的不断涌现，为混凝土结构抗震设计注入了新的活力。高性能混凝土、自密实混凝土等创新材料的应用，显著提升了结构的强度与延性；预应力技术、纤维增强复合材料等先进技术的融入，则进一步增强了结构的整体性能与抗震韧性。这些创新成果不仅拓宽了设计思路，也为提升混凝土结构在地震中的生存能力开辟了新的途径。

混凝土结构抗震性能设计是一项融合了科学原理、技术创新与实战经验的综合性工作。通过遵循科学的设计原则、采取精准的设计步骤并灵活运用关键技术措施，我们能够打造出更加安全、稳定的混凝土结构体系，为未来抗震设计领域的持续进步贡献力量。

三、混凝土结构抗震性能提升技术

随着地震活动的频繁发生和人们对建筑抗震性能要求的不断提高，混凝土结构的抗震性能提升技术成为了当前研究的热点。这些技术不仅涉及材料、设计、施工等多个方面，还涵盖了结构加固、抗震隔震等多个领域。以下我们将从新型材料应用、抗震设计与优化、结构加固与改造三个方面，对混凝土结构抗震性能提升技术进行详细阐述。

（一）新型材料应用

新型材料技术的革新为提升混凝土结构抗震性能开辟了新途径，这些材料以其独特的物理与力学性能，为建筑安全筑起更为坚固的防线。首先，高性能混凝土作为材料科学的杰出成果，不仅融合了高强度、高耐久性与卓越的工作性，我们还通过精细化的配合比设计与创新添加剂的引入，实现了性能的飞跃。高性能混凝土不仅能够直接增强结构的承载能力与抗震韧性，其自愈合与长期耐久特性更是在地震等极端环境下，为结构的持续稳定提供了额外保障，减少了维护成本，延长了使用寿命。

其次，纤维增强复合材料以其轻质高强、耐腐蚀的鲜明特点，在混凝土结构加固与改造领域展现出巨大潜力。通过将纤维增强复合材料巧妙地嵌入混凝土基质中，我们不仅显著提升了复合结构的整体强度与延性，还利用纤维增强复合材料卓越的抗拉与抗疲劳性能，有效分散了地震荷载，减缓了结构损伤累积，使结构在地震事件中展现出更强的生存能力。

最后，智能材料的引入更是将混凝土结构推向了智能化发展的新阶段。这类材料能够敏锐感知外界环境变化，并作出相应调整，为结构的健康监测与主动控制提供了前所未有的可能性。通过在混凝土结构中集成传感器网络与智能驱动器，我们实现了对结构应力状态、变形情况及潜在损伤的实时监测与预警，同时，根据监测数据，系统可自动调整结构响应策略，实现减震、加固等主动控制，这极大地增强了结构的抗震适应性与安全性。智能材料与技术的融合，不仅是对传统抗震设计理念的革新，更是对未来智能建造时代的一次有力探索与实践。

（二）抗震设计与优化

抗震设计与优化，作为强化混凝土结构抵御地震灾害能力的核心策略，其深度与广度直接关系到建筑的安全性与耐久性。在这一过程中，结构选型与布置的合理性是基础中的基础。设计师需综合考量建筑的功能定位、所处场地的地质特性及潜在的地震动模式，精心挑选既能满足使用需求又具备良好抗震潜力的结构形式与布局方案。对于高层建筑、大跨度桥梁等复杂工程，我们更是要秉承多道防线的设计理念，巧妙融入抗震缝与耗能机制，确保结构在遭遇强震时能够层层抵御，有序耗能，同时，维持结构的规则性与对称性，避免局部薄弱环节成为整体安全的隐忧。

隔震与减震技术的运用，则是抗震设计领域的一大亮点。这些技术通过在结构与基础之间构建一道"缓冲带"，如采用高性能橡胶支座、摩擦摆等隔震元件，有效隔离地震波的直接传递，削减结构受到的动态冲击。而减震装置则利用其独特的耗能机制，主动吸收并耗散地震能量，进一步减轻结构的响应与损伤。这些技术的融合应用，为混凝土结构披上了一层"软甲"，显著提升了其抗震韧性。

此外，抗震性能评估与优化环节同样不可或缺。通过综合运用静力弹塑性分析、动力时程分析等先进工具，我们对结构的抗震表现进行全方位、多层次的量化评估。基于评估结果，设计团队可精准定位结构的薄弱环节，并据此实施针对性的优化设计策略，如调整结构构件的尺寸、优化钢筋配置、改进节点构造等，不断迭代设计方案，直至结构达到预期的抗震性能标准。这一过程不仅体现了科学严谨的设计态度，更是对人民生命财产安全的高度负责。

（三）结构加固与改造

针对既有混凝土结构，通过实施精心的加固与改造策略，其抗震性能可得到显著提升，这些策略涵盖了从外部到内部，乃至整体性的全面加固方法。外部加固策略，如粘贴钢板、纤维增强复合材料或喷射混凝土，以其施工便捷性与高效性著称，直接在结构表面增设增强层，有效增强了结构的承载与延性能力，是加固工程中的常见选择。而内部加固，则聚焦于结构内部的强化，我们通过增设钢筋混凝土柱、钢支撑或剪力墙等措施，从核心层面提升结构的整体稳固性与安全性，尽管其施工复杂度较高，但对抗震性能的增益效果显著。

此外，整体加固方法作为更为根本性的提升途径，通过增大结构尺寸、调整结构形态或加固基础等措施，全方位增强结构的承载潜力与刚度，为重要建筑及大型结构提供更为坚实的抗震保障，尽管伴随较长施工周期与较高成本投入。

混凝土结构抗震性能的提升是一个多维度的技术课题，它融合了新型材料的应用、抗震设计理念的优化及加固改造技术的不断创新。这些努力不仅直接增强了结构的抗震能力，更为建筑行业的可持续发展与技术革新注入了强劲动力。展望未来，持续的技术探索与实践创新，将不断拓宽混凝土结构抗震性能提升的路径，为构建更加安全、坚韧的城市环境贡献力量。

第五节　抗震性能提升措施及策略

一、抗震加固技术的选择与应用

（一）抗震加固技术的分类

抗震加固技术作为提升既有建筑结构抗震能力的重要手段，可细分为结构加固、非结构加固与隔震减震加固三大策略体系。结构加固聚焦增强结构的承载潜能、刚度及延性，具体措施涵盖增设梁、柱、墙等构件以直接提升承载力，扩大截面尺寸以增强刚度，以及运用预应力技术诱导反向变形，减轻地震损害。

非结构加固则侧重于提高非承重构件的抗震韧性，这些构件虽不直接承担结构荷载，却对维护建筑整体安全与功能完整性至关重要。方法上，我们通过增设连接件强化非结构构件与主体结构的连接牢固性，设置隔震层以阻断地震波对非结构构件的直接冲击，或直接对非结构构件实施加固，如材料轻量化与连接点加固，以增强其抗震表现。

隔震减震加固技术则是一种更为前瞻性的抗震策略，其核心在于引入隔震与减震装置，从源头上削弱地震对建筑的影响。基础隔震法在建筑物根基处设置隔震层，作为地震波的第一道屏障；楼层隔震法则在楼层间巧妙布局隔震装置，减小层间位移与加速度，提升居住舒适度与结构安全性；耗能减震法则是在结构中嵌入耗能元件，如耗能支撑与节点，利用这些元件在地震中的大变形特性，有效吸收并耗散地震能量，从而保护主体结构免遭严重破坏。这些技术的综合应用，为既有建筑筑起了一道坚实的抗震防线。

（二）抗震加固技术的选择原则

在选择抗震加固技术的过程中，我们需秉持一系列核心原则以确保决策的科学性与合理性。首要且根本的是安全性原则，它强调任何加固措施的首要目标必须是增强结构的抗震安全性能，确保建筑物在遭遇地震时能够有效抵御破坏，保护人民生命财产安全。因此，所选技术必须经过严格验证，具备高度的安全性和可靠性，确保加固效果满足或超越现行的抗震设计标准。

经济性原则同样不可忽视，它要求我们在追求安全性的同时，兼顾加固工程的成本效益。这包括但不限于加固材料的选择、施工周期的合理安排及后续维护费用的预估。通过综合比较不同技术方案的初期投资与长期回报，我们力求选择出性价比最优的加固策略，实现资源的最优配置。

适用性原则强调技术选择的灵活性与针对性。鉴于每座建筑物都有其独特的结构形式、使用功能及抗震需求，因此，在选择加固技术时，我们必须深入了解建筑物的具体情况，确保所选技术既符合建筑物的实际需求，又具备实施的可行性。同时，我们还需充分考虑施工难度与技术难度，避免选择过于复杂或难以实施的技术方案，确保加固工程能够顺利推进。

最后，可持续性原则提醒我们在选择抗震加固技术时，应关注其对环境和社会的影响。这要求我们优先考虑那些环境影响小、资源消耗低的技术方案，以减少加固过程对自然环境的破坏。同时，我们还应考虑加固后结构在长期使用过程中的性能稳定性和可维护性，确保结构能够在整个生命周期内保持良好的抗震性能，为社会的可持续发展贡献力量。

（三）抗震加固技术的应用实例

以下两个具体案例，生动诠释了抗震加固技术在实践中的广泛应用与显著成效，充分展现了其对于提升建筑安全性的重要价值。

其一，以某历经岁月洗礼的老旧住宅楼为例，面对结构老化带来的抗震能力下降问题，工程师们巧妙运用了增设构件加固法，在保留原有建筑结构的基础上，精心规划并新增了一系列关键构件，如强化梁、加固柱及增设墙体，同时，他们对这些新增构件与既有结构之间进行了精密的连接与加固处理，确保了整体结构的协同工作。这一举措不仅显著提升了住宅楼的承载能力与结构刚度，更为其披上了一层坚实的抗震防护衣，使得该住宅楼在面对地震威胁时能够展现出更强的抵抗能力，居民的生命财产安全得到了更为可靠的保障。

其二，案例聚焦某位于地震频发区域的医院建筑。作为生命救援的前沿阵地，医院建筑的抗震安全尤为重要。为此，项目团队采用了先进的基础隔震加固技术，在建筑物的根基之下，巧妙铺设了一层隔震层，这一创新设计仿佛为建筑安装了一个"减震弹簧"，能够有效隔离地震波的直接冲击，显著降低了建筑物在地震中的动态响应与潜在损伤。加固完成后，即便是在强震来袭之际，该医院建筑也能保持相对稳定的状态，确保了医疗设施的安全无虞，为紧急救援工作的顺利开展提供了坚实的基础。这两个案例不仅展示了抗震加固技术的多样性与灵活性，更凸显了其在提升建筑抗震性能、保障公共安全方面的巨大潜力与价值。

二、抗震性能提升的结构设计策略

在建筑结构设计中，抗震性能的提升是确保建筑物在地震作用下安全稳定的关键。随着地震科学的不断发展和抗震设计理念的更新，现代建筑结构设计越来越注重抗震性能的提升。本部分我们将从结构选型、材料选择及抗震构造措施三个方面，详细探讨抗震性能提升的结构设计策略。

（一）结构选型

结构选型作为提升抗震性能的基础环节，其重要性不言而喻。面对多样化的建筑需求与复杂的场地条件，合理选择结构类型成为确保建筑物安全稳固的关键。框架结构以其空间布局灵活、承载能力强等显著优势，在众多建筑物中占据一席之地。在抗震设计方面，框架结构通过精细化的梁柱节点构造，巧妙构建多重抗震防线，有效分散地震能量，保护结构主体免受损害。进一步地，通过精准调控梁柱截面尺寸与配筋方案，我们可以充分挖掘框架结构的抗震潜能，实现抗震性能的优化升级。

剪力墙结构，则以其卓越的抗侧刚度与承载能力，在高层建筑与地震频发区域大放异彩。通过精心策划剪力墙的布局与数量，我们构建起坚不可摧的抗侧力网络，为建筑物穿上"抗震铠甲"。此外，设计师还可在墙体内巧妙融入连梁或开洞等设计元素，这不仅丰富了结构的受力模式，更促进了地震能量的有效释放与耗散，进一步提升了结构的抗震韧性。

而筒体结构，作为高层建筑与超高层建筑的标志性选择，其独特的构造理念与卓越的性能表现令人瞩目。多个筒体单元紧密协作，共同抵御侧向力作用，形成了一座座稳固的"抗震堡垒"。在筒体单元的设计上，形状、尺寸与连接方式的每一细微调整，都旨在追求更加稳定的抗侧力体系与更高的抗震效能。同时，筒体结构还展现出非凡的空间布局灵活性与未来拓展潜力，为建筑物的多元化功能需求提供了强有力的支撑。结构选型不仅是抗震设计的起点，更是决定建筑物抗震性能的关键因素。

（二）材料选择

材料科学的进步为提升建筑物抗震性能开辟了新的途径，材料选择在此过程中扮演着至关重要的角色。在精心挑选建筑材料时，我们必须全面审视材料的强度、延性、耐久性等核心性能指标，同时深入剖析材料在地震作用下的独特响应机制，以确保所选材料能够最大化地贡献于结构的抗震安全。

首先，高强度材料以其卓越的抗拉、抗压及抗剪能力，成为抗震设计中的优选。这类材料，诸如高强度混凝土与高强度钢材，不仅能够显著提升结构的整体承载能力，还能通过减小构件截面尺寸，有效减轻结构自重，进而削弱地震对结构的动力作用。这一优势使得高强度材料在构造高效、轻质且稳固的抗震结构时展现出非凡的价值。

其次，高延性材料以其卓越的变形与耗能特性，在抗震领域同样占据一席之地。延性混凝土与延性钢材等典型代表，在遭遇地震冲击时，能够展现出良好的延展性，通过可控的变形过程有效耗散地震能量，从而显著减轻结构损伤，保护主体结构免遭毁灭性破坏。通过巧妙的结构设计与构造措施，这些高延性材料能够充分发挥其耗能潜力，为提升结构抗震韧性贡献关键力量。

最后，随着材料科学的日新月异，新型复合材料如纤维增强复合材料等正逐渐崭露头角，成为抗震设计领域的新宠。这些材料以其轻质、高强、高延性等突出优点，为构建新型抗震结构体系提供了无限可能。通过精心设计复合材料的结构布局与连接方式，我们可以创造出既符合力学性能要求又具备良好抗震性能的创新型结构，为建筑物的抗震安全保驾护航。材料选择作为抗震设计的基础环节，其重要性不言而喻。只有充分把握材料的性能特点与地震响应机制，我们才能科学合理地选用材料，为构建安全可靠的抗震建筑奠定坚实基础。

（三）抗震构造措施

在追求建筑物抗震性能卓越化的征途中，抗震构造措施扮演着至关重要的角色，它们如同一道道精细编织的安全网，为结构在地震挑战下的稳固屹立提供了坚实保障。首先，抗震缝的巧妙设置，如同在结构体内嵌入的灵活关节，通过合理划分结构单元，实现了地震作用下各单元间的相对独立振动，有效遏制了整体响应的放大与损伤累积，其布局依据结构特性、地震烈度等精准定制，确保了设计的科学性与针对性。

其次，节点连接，作为结构体系的神经末梢，其强健与否直接关系到整体抗震能力的强弱。因此，强化节点设计成为不可或缺的一环，通过选用先进的连接方式、优化连接件规格与数量、提升连接件的强度与延性，构建起坚不可摧的节点网络，确保在地震冲击下依然能够稳固传递力量，维护结构完整。

再次，耗能装置的创新应用，为结构抗震设计增添了新的活力。这些精巧设计的元件，如同结构体内的能量海绵，能够主动吸收并耗散地震能量，减轻主体结构的负担，降低损伤风险。金属阻尼器、黏滞阻尼器等耗能装置，以其高效、可靠的耗能性能，在众多抗震工程中展现出卓越效果，成为提升结构抗震韧性的重要手段。

最后，基础作为建筑物与大地之间的桥梁，其抗震能力的提升同样不容忽视。通过采用桩基加固、扩大基础接触面积、引入隔震层等先进技术，我们不仅增强了基础自身的稳定性，还有效隔离了地震波对上部结构的直接冲击，为整体结构的抗震性能奠定了坚实基础。

提升建筑物抗震性能的结构设计策略是一个系统工程，它涵盖了结构选型、材料选择及抗震构造措施等多个维度。通过科学选型、优选材料并辅以精细化的抗震构造设计，我们能够构建起既安全又高效的抗震体系，确保建筑物在地震等自然灾害面前展现出强大的抵御能力，守护人类生命财产安全。

三、抗震性能提升的施工管理措施

（一）施工前的准备

施工前的周密筹备是确保抗震加固工程顺利推进与性能显著提升的关键基石。在这一至关重要的准备阶段，施工单位需采取多维度、深层次的策略，为后续的每一道工序奠定坚实的基础。

首先，施工单位需深度研读并透彻理解抗震设计的具体要求，这不仅是结构选型、材料选择、抗震构造措施等核心要素的详细规定，更是对整个项目抗震性能的宏观规划与微观细节的全面把握。通过这一过程，施工单位能够精准识别施工中的难点与挑战，为制定针对性解决方案提供有力依据，确保每一步施工都紧扣抗震设计的主旨。

其次，基于对抗震设计要求的深刻理解，施工单位需精心策划并编制出一套详尽而周密的施工方案。这份方案不仅涵盖了施工流程的逻辑安排、先进施工方法的引入、施工进度的合理铺排，更将质量控制措施贯穿于每一个环节，形成了一套闭环管理体系。通过方案的实施，施工单位能够有效指导施工现场的每一项作业，确保施工活动的有序进行，同时促进施工效率与质量的双重提升。

最后，施工人员的专业素养与技能水平也是决定施工质量的关键因素。因此，在施工前，施工单位应高度重视对施工队伍的培训与教育工作。培训内容应紧密围绕抗震设计要求，通过理论讲解、实操演示、案例分析等多种形式，加深施工人员对抗震知识的认知与理解，提升他们在施工过程中的操作技能与应变能力。经过系统培训的施工队伍，将能够以更加专业、高效的态度投入抗震加固工程中，为结构抗震性能的提升贡献重要力量。

（二）施工过程中的质量控制

施工过程中的质量控制，作为抗震性能提升策略中的关键环节，其执行力度与精细程度直接关系到最终建筑成果的抗震效能。在这一至关重要的阶段，施工单位需秉持严谨态度，采取多维度、全方位的质量管控措施。

首先，严格遵守并执行国家及地方颁布的施工规范与标准，这是确保施工质量达标的基础。施工单位应将规范内化于心、外化于行，特别是在实施抗震构造措施时，更应一丝不苟地遵循设计要求，确保每一项抗震措施都能精准落地，发挥其应有的效用，为结构筑起坚实的抗震防线。

其次，材料质量作为建筑抗震性能的基石，其重要性不言而喻。施工单位需建立健全材料质量控制体系，从源头抓起，对进场的每一批材料进行严格的质量检测与验收，确保材料性能符合设计要求，特别是针对高强度混凝土、特种钢材等关键材料，我们更应加大检测力度，杜绝任何质量隐患。

再次，实施严密的过程监控与实时检测机制，是及时发现并纠正施工偏差、保障抗震性能提升的有效手段。施工单位应运用现代科技手段，如远程监控系统、智能检测设备等，对施工现场进行全天候、无死角的监控，确保施工操作规范有序，一旦发现质量问题，立即启动应急响应机制，迅速组织力量进行整改，将质量风险降至最低。

最后，加强与其他专业团队的协调配合，也是确保施工顺利进行、抗震构造措施有效实施的重要保障。施工单位应积极搭建沟通平台，促进结构设计、材料供应、施工管理等各专业之间的紧密协作，形成合力，共同推进项目进展。在抗震构造措施实施过程中，我们更应注重跨专业的技术交流与信息共享，确保各项措施在实施过程中能够无缝对接、协同作用，最大化地提升结构的抗震性能。

（三）施工后的验收与评估

施工后的验收与评估环节，作为确保抗震性能提升成效的最终防线，其严谨性与全面性不容忽视。在这一阶段，施工单位需采取一系列精细化措施，对施工质量进行深度剖析与综合评价。

首先，实施一套严密且科学的验收程序至关重要。该程序不仅涵盖了结构尺寸、材料质量等基础性检查，更将焦点对准了抗震构造措施的有效性验证。通过细致入微的检查，我们确保每一项施工细节均达到设计要求，为抗震性能的稳固奠定坚实基础。这一环节的成功实施，标志着施工成果向抗震性能提升目标的坚实迈进。

其次，进行抗震性能评估成为衡量施工成效的关键步骤。评估工作应全面而深入，不仅关注结构的静态承载能力，更需动态考量其耗能、变形等动态响应特性。通过模拟地震作用下的结构表现，我们科学评估其抗震性能水平，精准定位潜在薄弱环节，为后续改进提供明确方向。这一评估过程，不仅是对施工质量的终极检验，更是对未来抗震安全性的有力保障。

最后，建立质量追溯机制，对于维护施工质量的长期稳定性与可靠性具有重要意义。详细记录施工全过程的每一个环节，构建完整的质量信息链条，确保在问题出现时能够迅速定位原因，及时采取补救措施。这一机制的建立，不仅体现了施工单位对质量的极致追求，更为行业的可持续发展树立了典范。

抗震性能提升的施工管理是一个系统工程，涵盖施工前、施工中及施工后全链条的精细管理。施工单位需以高度的责任感与使命感，严格执行各项管理措施，确保抗震设计理念的精准落地，为建筑结构筑起坚不可摧的抗震防线。展望未来，随着人们对抗震性能要求的不断提升，我们应持续探索创新施工管理策略，为建筑行业的安全发展贡献更大力量。

第七章 装配式建筑绿色节能技术

第一节 绿色节能技术在装配式建筑中的应用

一、节能保温技术在建筑围护结构中的应用

面对全球能源紧缺与人们环保意识的日益增强，节能保温技术在建筑行业的运用变得愈发普遍且关键。建筑围护结构，作为连接室内外环境的重要界面，其保温效能直接关联到建筑物的能源消耗水平及居住者的舒适度体验。鉴于此，优化建筑围护结构的保温设计，采用先进的节能保温技术，不仅是提升建筑能效、减少能耗的关键途径，也是响应可持续发展号召的重要举措。本部分我们深入探讨节能保温材料的精选策略，以及这些技术在建筑外墙、屋顶乃至门窗等关键围护部位的具体应用实践，以期为促进绿色建筑的发展提供有益参考。

（一）节能保温材料的选择

节能保温材料作为提升建筑围护结构能效的核心要素，其选择过程需细致考量多重维度。矿物棉类保温材料，依托矿渣等天然资源，经高温熔融纤维化而成，不仅保温与防火性能出众，成本效益亦显著，但需注意其在潮湿环境下易吸湿的特性。泡沫塑料类保温材料凭借轻质高效、施工便捷的优势，在外墙与屋顶保温中大放异彩，然而其燃烧时有释放有毒气体的风险，要求使用者强化防火措施。硅酸盐类保温材料，则以其卓越的保温、耐高温性能及环保特性脱颖而出，尽管价格与施工复杂度相对较高，却为追求高品质与绿色建筑的理想选择。在节能保温材料的甄选过程中，我们需紧密结合建筑的具体特性与需求，全面评估材料的保温效能、耐久性、环保影响等多方面因素，以定制最优化的保温解决方案。

（二）节能保温技术在建筑外墙中的应用

建筑外墙，作为围护结构的关键构成，其保温效能直接关联到建筑物的能源消耗与室内居住环境的舒适度。引入先进的节能保温技术于外墙设计中，不仅是节能降耗的有效途径，也是提升居住品质的重要举措。外墙保温系统，作为一种成熟的技术方案，通过将高效保温材料巧妙地贴合或锚固于外墙外侧，构建出一道坚实的保温屏障，

有效抵御外界寒冷侵袭，减少热能流失，同时兼具保护墙体、延长建筑寿命的附加价值。设计此类系统时，我们需精心考量保温材料的选型、厚度设定及固定策略，并确保保温层与墙体间的紧密连接与高效密封，以保障系统的整体效能与可靠性。

另外，墙体自保温技术则另辟蹊径，通过在墙体构造阶段直接融入保温材料或选用自带保温特性的建材，从根本上赋予墙体卓越的保温能力。这一技术不仅简化了施工流程，还实现了保温与结构的一体化设计。在实施中，我们需精确控制保温材料的掺入比例与方式，兼顾墙体的承重、稳定性与施工工艺的精细化，确保保温效果与结构安全并重。

节能保温技术在建筑外墙领域的广泛应用，不仅是提升建筑能效、促进节能减排的必然选择，也是构建绿色、舒适居住环境的重要基石。面向未来，持续深化节能保温技术的研发与应用，将是推动建筑行业向更加环保、高效方向发展的关键所在。

二、装配式建筑中的绿色照明与电气节能技术

随着建筑业蓬勃兴起与绿色生态理念的广泛普及，装配式建筑以其高效、环保的特性日益成为行业焦点。在此背景下，绿色照明与电气节能技术的融合应用，不仅是推动装配式建筑向更高能效迈进的关键举措，也是构建宜居、健康空间的重要一环。本部分我们将从三个维度展开深入探讨：一是绿色照明技术的选择与应用，旨在通过高效光源与智能控制系统的集成，实现照明能耗的大幅降低与光环境的优化；二是电气节能技术的设计与实施，强调在配电系统、电机驱动等关键环节引入节能措施，全面提升建筑电气系统的能效水平；三是智能照明与电气控制系统的应用，即借助物联网、大数据等先进技术，实现照明与电气设备的智能化管理，为居住者带来个性化、便捷化的同时，也促进了能源的高效利用与节约。

（一）绿色照明技术的选择与应用

绿色照明技术在装配式建筑中的应用策略丰富多样，旨在平衡照明需求与能源效率及环境保护之间的关系。首先，在高效节能灯具的优选方面，LED 灯具以其卓越的发光效率、超长寿命及环保特性脱颖而出，成为首选。它们不仅显著降低了能耗，还凭借出色的显色性与可调光性，灵活适配各类照明场景。

其次，精心规划的照明布局同样关键，这要求设计师深入考量建筑功能特性与空间结构，最大化利用自然光资源，减少人工照明依赖。同时，依据空间的实际使用情况及人员活动模式，动态调整照明方案，包括亮度与色温的个性化设定，旨在营造既节能又舒适的照明氛围。

最后，智能照明控制系统的引入，更是将绿色照明理念推向新高度。该系统集远程控制、定时开关、场景模拟等智能化功能于一身，能够智能感应室内外光线变化及人员活动动态，自动调节照明参数，实现精准照明与高效节能的双重目标。这一技术的应用，不仅提升了照明管理的便捷性与精准度，更为装配式建筑注入了绿色智能的新活力。

（二）电气节能技术的设计与实施

电气节能技术，作为装配式建筑绿色转型的关键一环，旨在确保电气系统高效运作的同时，显著降低能源消耗。其设计与实施策略涵盖多个维度：首先，聚焦于高效节能电气设备的优选，包括高效电机、变压器及开关柜等，这些设备凭借卓越的性能与能效，从源头上削减了能耗，且兼顾环保与可回收性，促进了资源循环利用；其次，精心构建合理的供配电系统，依据建筑的具体用电需求与特性，精准设计系统架构与参数配置，通过减少电能传输损耗与优化配置保护及自控机制，确保系统安全高效运行；最后，积极实施多样化的节能举措，诸如优化照明控制策略以减少无效照明、改进空调系统运作模式以提升能效及引入智能电力管理系统实现电力资源的精细化监控与管理，这些措施共同作用于降低建筑电气能耗，显著提升建筑的整体节能效果。

（三）智能照明与电气控制系统的应用

智能照明与电气控制系统，作为现代科技融合的典范，深度融合了计算机技术、通信技术及自动控制技术的精髓。在装配式建筑的语境下，这一系统的部署不仅实现了照明与电气设备的智能化管控，更开创了建筑能效提升的新篇章。智能照明控制系统凭借其远程控制、定时开关、场景自定义等先进功能，根据环境光线与人员活动动态调节照明参数，营造个性化且节能的照明体验，同时优化了照明系统的运维管理，确保了系统的可靠运行。

而智能电气控制系统，则以其实时监控、故障诊断与远程操控的能力，为电气设备的能效管理提供了强大支撑。系统能够精准捕捉设备运行数据与能耗状况，即时响应设备异常，预防故障发生，更通过智能算法优化设备运行参数，实现能耗的最优分配，显著提升电气系统的整体能效。这一系列智能控制措施，共同构成了装配式建筑节能降耗的坚实基石，不仅减少了能源消耗与碳排放，更促进了居住环境的舒适与健康。

展望未来，装配式建筑领域的绿色照明与电气节能技术将持续迭代升级，成为推动建筑行业绿色转型的重要驱动力。我们需不断深化相关技术研究与应用实践，以创新引领建筑能效新高度，共同迈向更加可持续的未来。

第二节　绿色建筑材料与部品的选择

一、绿色建筑材料的选择标准

面对全球环境挑战的持续加剧，绿色建筑与可持续发展理念在建筑领域内日益占据核心地位。在这一背景下，绿色建筑材料的选择成为推动建筑业绿色转型的关键环节，它不仅关乎建筑物本身的性能优化与使用寿命延长，更深刻影响着自然环境的保护与人类健康的福祉。鉴于此，确立一套科学严谨、全面均衡的绿色建筑材料选择标准显得尤为迫切与重要。本部分我们从环保性标准、经济性标准及实用性标准三大维度出发，深入剖析并构建绿色建筑材料的选择框架，以期为促进建筑业的绿色可持续发展提供有力支撑与指导。

（一）环保性标准

环保性，作为绿色建筑材料甄选的首要考量维度，其核心在于确保材料从摇篮到坟墓的整个生命周期内，对环境的影响降至最低。这一标准具体涵盖以下几方面的严格要求：

首先，原材料的可持续获取是环保性的基石。绿色建筑材料倾向于采用可再生资源，如通过废弃物的高效回收与转化技术，将废旧物品转化为宝贵资源；或是利用自然界丰富的植物纤维等资源，丰富材料的来源，降低经济成本，并减轻对原生矿产资源的开采压力，减少因开采活动带来的生态破坏与环境污染。

其次，生产过程的绿色化转型同样至关重要。这要求建筑材料制造商采用先进的清洁生产技术，通过优化工艺流程，严格控制废水、废气、废渣等污染物的产生，实现生产废物的最少化。同时，提升生产设备的能效水平，采用节能型设备，减少能源消耗，推动生产向低碳、高效方向转变。此外，加强对生产现场的环境管理，实施严格的环境保护措施，确保生产过程不对周边环境造成负面影响。

再次，建筑材料在使用阶段亦需展现其环保价值。这包括具备卓越的保温隔热性能，有效减少建筑能耗，促进能源节约；拥有优良的隔音降噪特性，提升室内居住或工作环境的舒适度与健康水平；同时，确保材料本身无毒无害，保障居住者的身体健康，避免有害物质释放对室内空气质量造成不良影响。

最后，对废弃物处理的环保考量亦不容忽视。绿色建筑材料应易于回收再利用或自然降解，从而在生命周期的末端仍能保持其环保属性。优先选择可降解材料或高回收价值的建筑材料，如生物基材料、再生塑料等，这不仅能够减少废弃物填埋或焚烧带来的环境污染，还能促进资源的循环利用，形成闭环经济，为地球的可持续发展贡献力量。环保性标准全方位、多层次地规范了绿色建筑材料的选择与应用，是推动建筑业绿色转型的关键所在。

（二）经济性标准

经济性，作为绿色建筑材料选择的另一项核心考量，强调的是在保障环保性能的同时，实现成本与效益的最优平衡。这一标准被细分为多个维度，深入项目的全生命周期：

首先，初始投资成本需维持在合理区间，既不过度增加项目负担，也不因过分压缩成本而牺牲材料的绿色属性。这要求我们在材料选择时，进行详尽的成本效益分析，结合项目预算与长期规划，寻求性价比最优的绿色建材解决方案。

其次，对长期运行成本的考量尤为关键。绿色建筑材料应具备卓越的能效表现，如高效保温隔热材料能显著降低空调与供暖能耗，从而减少长期能源支出；而耐久性强、维护需求低的材料，则能有效控制维修与更换费用，进一步节省运行成本。因此，在选择过程中，我们需综合考虑材料对后续运营成本的潜在影响。

最后，资源利用效率是衡量经济性的又一重要方面。这不仅仅关乎生产过程中的资源消耗，更延伸至建筑材料的整体生命周期。我们倡导采用资源节约型生产方式，通过技术创新提升原材料转化率，减少生产废弃物；同时，在建筑设计阶段即注重材料使用的精细化规划，避免无谓的浪费，确保每一份资源都能发挥出最大价值，为项目带来长远的经济与环境双重效益。

（三）实用性标准

实用性，作为绿色建筑材料甄选不可或缺的基本准则，其核心在于确保所选材料能够精准对接并超越建筑项目的多元化需求，同时展现出卓越的使用效能与持久的耐用性。这一标准深入材料选择的每一个细节，具体体现在以下几个方面：

首先，功能需求的精准匹配是实用性的首要体现。绿色建筑材料需根据建筑项目的特定要求，如保温隔热、防水防潮、隔音降噪等关键性能，进行精心挑选与配置。这不仅要求材料本身具备这些功能特性，还需通过科学地设计与施工，确保这些功能在实际应用中得以充分发挥，为用户创造更加舒适、安全的生活环境。

其次，使用性能的卓越表现是实用性的重要保障。绿色建筑材料应具备抗老化、耐磨损、耐腐蚀等优良特性，这些性能直接关系到材料的长期稳定性和可靠性。通过采用先进的生产工艺与配方，确保材料在面对恶劣环境条件时依然能够保持其原有性能，减少因材料老化、损坏导致的频繁维修与更换，降低全生命周期成本。

再次，耐久性的强化是实用性追求的又一关键。绿色建筑材料的耐久性不仅关乎材料本身的使用寿命，更直接影响到建筑的整体质量与长期价值。因此，在选择材料时，我们需综合考量其抗风化、抗腐蚀等能力，确保所选材料能够在长期使用过程中经受住自然环境的考验，保持其稳定的性能与外观。

最后，施工便利性的提升也是实用性不可忽视的一环。绿色建筑材料应具备易于加工、安装与维护的特点，以降低施工难度与成本，提高施工效率与质量。优化材料的设计与生产，使其更加符合施工现场的实际需求，减少施工过程中的浪费与损耗，为绿色建筑的快速推广与应用提供有力支持。

绿色建筑材料的选择标准应全面融合环保性、经济性与实用性三大维度，根据项目实际需求与特点制定科学合理的策略。同时，政府、企业与社会各界需共同努力，加大对绿色建筑材料研发与推广的支持力度，推动绿色建筑材料的不断创新与应用，为建筑行业的可持续发展注入强劲动力。

二、绿色建筑材料在装配式建筑中的应用

随着可持续发展理念的深入人心和建筑技术的不断进步，装配式建筑作为一种高效、环保的建筑形式，正逐渐受到业界的广泛关注。而绿色建材，以其低能耗、低污染、高循环利用率等特点，在装配式建筑中发挥着举足轻重的作用。本部分我们将从绿色建材在装配式建筑中的优势、具体应用及未来发展趋势三个方面，详细探讨绿色建材在装配式建筑中的应用。

（一）绿色建材在装配式建筑中的优势

绿色建材在装配式建筑领域的广泛应用，不仅深刻变革了传统建筑模式，还显著促进了能源与环境的双重优化。首先，从节能减排的角度来看，这些创新材料如同为建筑穿上了高效能的"绿色外衣"。节能型墙体材料与高效节能门窗的联合作用，有效遏制了建筑在冷暖调节过程中的能量损耗，使得建筑能耗大幅下降。同时，利用竹木复合材料、废旧塑料再生品等可再生资源制成的建材，不仅减少了对原生资源的依赖，还减轻了开采活动对自然环境的压力，实现了从源头到终端的全链条减污降碳。

其次，绿色建材以其卓越的物理化学性能，为装配式建筑的质量与耐久性构筑了坚实屏障。高强度、高耐久性的混凝土预制构件，如同建筑的骨骼，增强了结构的稳固性，提升了建筑的抗震等级与长期使用年限。而具备防腐、防霉、防虫等特性的绿色建材，则进一步延长了建筑的维护周期，降低了因频繁维修带来的经济负担，确保了建筑功能的持续高效发挥。

最后，绿色建材与装配式建筑的深度融合，正有力推动着整个建筑产业向更加绿色、低碳、环保的方向迈进。这一转型不仅意味着建筑生产方式的根本性变革，还促进了资源的循环高效利用与废弃物的有效减量。通过这一绿色路径，建筑产业与自然环境之间建立起了更加和谐共生的关系，为实现全球可持续发展目标贡献了重要力量。

（二）绿色建材在装配式建筑中的具体应用

在装配式建筑的绿色建材应用中，墙体、门窗及保温隔热材料扮演着至关重要的角色。在墙体方面，轻质复合墙板以其独特的优势脱颖而出。该墙板巧妙融合了水泥、砂、粉煤灰等基础材料，并创新性地掺入聚苯颗粒与高效外加剂，通过精细化的生产工艺流程，提供了轻质高强、保温隔热性能卓越，同时具备防火抗震特性的墙体解决方案，其便捷的安装与拆卸特性更是完美契合了装配式建筑快速施工的需求。

在门窗领域，绿色建材的应用同样显著，断桥铝合金门窗以其创新的断桥隔热设计引领潮流，有效切断了室内外热量的直接交换通道，大幅降低能耗；加之其出色的气密性与水密性设计，有效抵御了外界不良气候的侵扰，为室内营造了更加舒适宜人的环境。

在保温隔热材料方面，聚氨酯保温板以其卓越的保温性能、简便的施工流程及优异的防火与环保特性，成为装配式建筑提升能效与居住舒适度的优选。该材料凭借极低的导热系数，实现了高效的热量锁定，同时其环保无害的特性，完美契合了绿色建筑的发展理念。

（三）绿色建材在装配式建筑中的未来发展趋势

展望未来，绿色建材在装配式建筑领域的发展蓝图令人振奋。随着科技的日新月异与环保思潮的深入人心，绿色建材正步入一个多元化、个性化的新时代，不断拓宽其种类与应用范畴，以灵活适应各种建筑风格与功能需求。在研发与生产端，对环保性与可持续性的追求将成为核心驱动力，引领建筑产业向绿色、低碳、环保的转型之路加速前行。

与此同时，智能化浪潮的席卷为绿色建材赋予了新的生命力。物联网、大数据、人工智能等先进技术的深度融合，将绿色建材的应用推向智能化新高度。智能传感器与控制系统等前沿技术的运用，不仅实现了对绿色建材使用状态的精准监测与高效管理，提升了建筑的能效与居住舒适度，还促进了绿色建材的循环利用与再生，有效降低了建筑废弃物的生成与处置成本，体现了资源循环利用的智慧。

此外，标准化与产业化的双轮驱动策略，将为绿色建材的广泛应用与产业化进程注入强劲动力。建立健全绿色建材标准体系与技术规范，是确保产品质量与性能的基石；而推动绿色建材产业链的整合升级，则能显著提升生产效率与经济效益，为行业规模化发展铺平道路。

绿色建材在装配式建筑中的应用前景广阔，其潜力与价值不可估量。通过持续加强研发创新、深化智能融合、加速标准化与产业化进程，我们不仅能推动建筑产业实现绿色转型与可持续发展，更能为人类社会构建出更加健康、舒适、和谐的绿色居住环境。

第三节　建筑节能设计与节能效果评估

一、建筑节能设计原则与方法

(一) 建筑节能设计原则

建筑节能设计是一项系统工程，其原则需贯穿设计思维的始终，以确保方案的科学性、实用性与前瞻性。第一，整体性原则强调从全局视角审视建筑的生命周期，从规划布局到最终废弃处理，每一环节都力求节能减排与环境友好。这要求设计师不仅关注单体建筑的能效提升，还需将其融入城市发展的绿色蓝图之中，促进建筑与城市基础设施、交通网络等的无缝对接，共同构建低碳、生态、高效的都市生态系统。

第二，节能优先原则则是节能设计的核心驱动力，它倡导在设计初期就将节能理念根植于心，通过集成创新节能技术、优选高效节能材料与设备，力求在保障建筑功能多样性与居住舒适度的同时，最大限度地削减运行能耗。这意味着每一次设计决策都需权衡能源效益与使用需求，确保节能措施既先进可行又经济高效。

第三，因地制宜原则则体现了设计的灵活性与适应性，鼓励根据地域特色定制节能方案。无论是酷热的沙漠地带还是湿冷的沿海城市，都应充分挖掘当地自然资源的潜力，如太阳能、风能等可再生能源，减少对化石燃料的依赖，实现能源供应的本地化与清洁化。同时，这也要求设计团队深入了解当地文化习俗与生活习惯，使节能措施更加贴近民众实际需求，增强实施效果的社会接受度。

第四，经济合理原则则是平衡节能投资与收益的关键。节能设计不应以高昂的成本为代价，而应通过精细化的成本控制与效益分析，寻找节能与经济的最佳结合点。这包括优化设计方案以减少不必要的浪费、提升施工质量以确保节能设施长期稳定运行及采取智能化管理措施降低后期运维成本等，最终实现节能效益与经济效益的双赢。

第五，可持续发展原则为建筑节能设计指明了长远方向。它要求我们在追求当前节能目标的同时，更要着眼于未来，通过推广可再生材料、采用绿色施工工艺、实施废弃物循环利用等措施，减少对自然资源的掠夺性开采，减轻建筑活动对生态环境的负面影响。这不仅是对后代负责的体现，也是实现人类与自然和谐共生的必由之路。

（二）建筑节能设计方法

建筑节能设计应采用以下方法，以提高建筑的节能性能：

建筑节能设计，作为推动建筑行业迈向可持续未来的关键策略，其内涵丰富且多元，涵盖了从被动式到主动式、从绿色理念到智能化应用的全方位考量。被动式节能设计智慧地利用建筑本身的物理特性，通过精妙地规划建筑形态、朝向与空间布局，最大化自然采光与通风的潜力，同时辅以高性能保温隔热材料，减少能源依赖，实现节能与舒适的双重目标。

主动式节能设计则侧重于引入高效节能技术与设备，为建筑穿上"智能节能外衣"。高效空调系统、LED照明及可再生能源利用系统如太阳能光伏板、太阳能热水器的集成，不仅显著降低了建筑在采暖、制冷及照明上的能耗，还促进了能源结构的绿色转型。智能控制系统的融入，更是让建筑能耗管理变得精准高效，实现了能源使用的精细化管理。

绿色建筑设计理念则倡导建筑与环境的和谐相融，从建材选择到施工技术，每一步都力求最小化对自然的负面影响。可再生材料、低VOC涂料的应用，预制装配式建筑、建筑信息模型技术的推广，以及雨水收集、绿色屋顶等生态技术的实施，共同编织出一幅绿色建筑的美好图景，既促进了资源的高效利用，又美化了城市天际线，提升了居民的生活质量。

能源综合利用设计策略，则是对建筑能源使用效率的深度挖掘。通过构建多能源互补系统，将太阳能、风能等可再生能源与传统能源有机结合，实现能源供应的多样性与稳定性。同时，废热回收、余热发电等技术的引入，让建筑内部的能源都能得到最大化利用，形成闭合的能源循环链，展现了建筑能源管理的最高境界。

而智能化节能设计，则是建筑节能领域的未来趋势。其依托物联网、大数据、AI等前沿技术，实现对建筑能耗的全面感知、深度分析与智能调控。智能照明、智能温控、智能安防等系统的集成，不仅让建筑运行更加高效节能，还为用户提供了前所未有的便捷体验。能耗数据的可视化展示与深度分析，更为建筑的持续优化与改造提供了科学依据，推动了建筑节能设计向更高水平迈进。

建筑节能设计是一场涉及设计理念、技术应用、环境保护及智能化升级的综合变革。随着技术的不断进步与人们环保意识的日益增强，建筑节能设计正引领建筑行业走向更加绿色、低碳、可持续的未来。

二、节能效果的模拟分析与评估

在节能建筑设计和实施过程中，对节能效果的模拟分析与评估是确保设计目标实现、优化节能方案、指导后续施工和运营管理的关键环节。本部分我们将从节能效果模拟分析的重要性、主要方法及评估过程三个方面，详细探讨节能效果的模拟分析与评估。

（一）节能效果模拟分析的重要性

节能效果模拟分析，作为建筑设计流程中的关键环节，依托先进的计算机模拟技术，构建详尽的建筑能耗模型，为预测与优化建筑在不同设计构想下的能耗表现提供了强有力的支持。这一过程的核心价值：首先，它赋予设计师前瞻性的视野，在项目初期即能精准预判各设计方案的节能潜力，促使设计团队在创意与节能目标间找到最佳平衡点，确保最终方案不仅美观实用，更能有效达成节能指标。其次，模拟分析如同一位严谨的评审，细致剖析设计方案的每一个角落，揭示隐藏的能耗漏洞与效率瓶颈，从而引导设计优化方向，促使团队筛选出既经济高效又节能环保的最优解。最后，其应用范围远不止于设计阶段，而是贯穿于施工与运营管理的全周期。施工期间，模拟结果成为指导材料选用与施工工艺调整的重要依据，确保节能理念贯穿建造始终；进入运营阶段，模拟数据则转化为制定节能策略与管理制度的科学依据，助力建筑实现长期高效的节能运行，为可持续发展贡献力量。

（二）节能效果模拟分析的主要方法

节能效果模拟分析领域涵盖了多元化的技术手段，每种方法都以其独特视角深入剖析建筑的能效表现。建筑能耗模拟作为核心方法之一，依托专业软件构建精准的建筑模型，全面预测并解析建筑在不同气候条件下的能源消耗，涵盖围护结构、空调系统及照明等多个维度，为设计师绘制详尽的能耗图谱。

环境模拟则另辟蹊径，运用计算流体力学等尖端技术，细腻模拟建筑周边的风场流动、热辐射分布等环境因素，评估其对建筑舒适度及节能潜力的影响，为建筑设计布局与运营策略的制定提供科学依据。

而热工模拟则聚焦于建筑热工特性的深度探索，通过建立精细的热工模型，利用专用软件模拟建筑围护结构的保温隔热效能、空调系统效能等关键热工参数，精准把脉建筑的热量传递与调控机制，为设计师提出个性化的节能改造与优化策略，助力建筑能效的持续提升。这些模拟分析方法相互补充，共同构成了节能效果模拟分析的强大工具箱。

（三）节能效果评估过程

节能效果评估是一个复杂而精细的系统工程，它贯穿于建筑从设计构思到实际运营的全过程，旨在确保节能策略的有效实施与持续优化。首先，明确评估目标是基石，这要求细致界定评估范围，包括特定建筑类型、地域特征、气候条件及核心节能指标（如总能耗、单位面积能耗、碳排放强度等），为后续工作奠定坚实基础。

其次，数据收集是评估工作的血液，它广泛涵盖了建筑设计文档、施工细节、材料构成、设备配置等内部信息，同时融入外部环境数据，如历年气候统计、能源市场价格波动等，为构建精准模型提供全面素材。

再次，模型构建则是评估的核心环节，其借助先进的建筑模拟软件，将海量数据转化为虚拟建筑实体，这一过程强调模型的精确构建与验证，确保模拟结果贴近实际，为决策提供可靠依据。通过精细调整模型参数，我们模拟建筑在不同设计参数与运行策略下的能耗表现，探索节能潜力的无限可能。

复次，模拟运行之后，深入的结果分析成为关键。通过对比不同方案下的能耗预测值，我们筛选出最优节能与经济平衡方案，同时揭示建筑能耗随气候变化的内在规律，为节能改造与策略优化提供宝贵洞见。

基于此，制定切实可行的改进措施，如优化建筑空间布局以减少太阳辐射得热、升级围护结构以提升保温隔热性能、引入高效空调系统以精准调控室内环境等，每一项措施都直指节能核心，旨在推动建筑能效的飞跃式提升。

最后，跟踪评估作为闭环管理的最后一环，确保改进措施的有效落地与持续效果。定期收集能耗数据、对比分析节能成效，不仅能验证前期工作的成效，还能及时发现并解决新问题，确保建筑在生命周期内持续保持高效节能状态，为建筑行业的绿色转型与可持续发展贡献不竭动力。

三、节能设计的优化与改进

（一）节能设计的优化原则

在进行建筑节能设计的优化之旅时，我们需坚守一系列核心原则，以确保每一步探索都稳健而高效。首先，系统性原则犹如航海图，指引我们全面审视建筑从规划蓝图到运营维护的全生命周期，强调各环节间的紧密关联与相互制约，促使我们在优化时采取全局视角，追求整体能效的最大化，而非局部利益的妥协。

其次，科学性原则则是我们的指南针，它要求优化策略根植于坚实的理论基础与前沿技术之上。通过运用高精度的模拟分析工具和严谨的评估体系，我们对节能设计的每一个细微之处进行量化剖析，不仅揭示现存不足，更挖掘潜在节能空间，为优化路径的精准铺设奠定坚实基础。

再次，经济性原则则如同一把精细的算盘，平衡着节能与投资的天平。在追求节能效益的同时，我们审慎评估各优化方案的经济可行性，力求在节能成效与成本投入间找到最佳平衡点。这不仅关乎眼前利益的最大化，更是对未来长期运营成本的深思熟虑，确保节能设计在经济效益上的可持续性。

最后，可持续性原则如同环保灯塔，照亮我们前行的道路。在优化过程中，我们始终不忘对自然环境的尊重与保护，积极融入可再生材料、绿色施工技术等环保元素，减少资源消耗，促进废弃物循环利用，致力于构建与自然和谐共生的建筑生态系统。这一原则不仅是对当前节能目标的回应，更是对未来世代福祉的庄严承诺。

（二）节能设计的关键技术

在进行节能设计的深度优化时，一系列前沿关键技术的掌握与应用成为不可或缺的核心驱动力。首先，高效节能技术构成了优化策略的核心骨架，它不仅涵盖了高效节能的建筑材料如低能耗玻璃、保温隔热板材，还深入高效节能设备与系统的集成，如变频空调、LED 智能照明等，这些技术直接作用于建筑能耗的关键环节，显著削减了采暖、制冷及照明所需的能量消耗。更进一步，可再生能源利用技术的引入，如太阳能光伏板与集热器的巧妙布局，为建筑提供了清洁、可再生的能源解决方案，极大地减轻了对化石燃料的依赖。

其次，绿色建筑材料与技术的广泛应用，为节能设计增添了环保与可持续的维度。从源头上减少环境污染，采用可再生资源制成的建筑材料，以及低 VOC 环保涂料，确保了建筑从内到外的绿色纯净。同时，绿色施工技术的革新，如预制装配式建筑技术通过工厂化生产、现场组装，不仅提升了建造效率，还显著减少了施工过程中的资源消耗与废弃物产生；而建筑信息模型技术的运用，则实现了设计、施工、运维全周期的信息集成与协同，为节能优化提供了精准的数据支持与决策依据。此外，绿色技术如雨水收集与利用系统、绿色屋顶的设计，不仅美化了建筑外观，更通过调节微气候、改善生态环境，间接促进了建筑能耗的降低。

最后，智能化节能技术的融入，将节能设计推向了智能化管理的新高度。通过物联网、大数据、人工智能等技术的深度应用，建筑能耗的监测、分析与调控实现了前所未有的精细化与智能化。智能控制系统如同建筑的"神经中枢"，能够实时感知建筑各系统的运行状态，智能调节照明、空调、电梯等设备的工作模式，确保能源使用的高效合理。同时，能耗数据的可视化呈现与深度分析，为节能优化提供了直观的数据支持，帮助决策者快速识别节能潜力点，制定更加精准的节能改造方案，推动建筑节能性能的持续提升。

（三）节能设计的改进策略

节能设计的优化与精进，是一场从理念到实践的深刻变革，它要求我们在掌握核心技术的基石上，精心布局一系列具体而细致的策略，以实现能效提升的新飞跃。我们的首要任务是强化前期规划与设计阶段的节能导向，将节能理念深植于项目之初，明确节能目标与指标，确保每一份设计图稿都蕴含着对能源高效利用的深思熟虑。这一过程需紧密融合当地气候特征、资源禀赋，量身定制节能技术与措施，力求设计方案既因地制宜又展望未来。

其次，围护结构的优化成为节能战役的关键战场。我们深知，一砖一瓦的选择与布局，都直接关系到建筑的能耗表现。因此，采用高性能保温隔热材料、精细调控窗墙比、巧妙设置遮阳构件，成为降低围护结构能耗的有效路径。这些措施如同为建筑穿上节能外衣，有效抵御外界不利因素侵扰，守护室内舒适环境。

再次，向可再生能源的广阔天地迈进，是我们不可或缺的战略方向。太阳能、风能等清洁能源的巧妙利用，不仅减少了对化石燃料的依赖，更为建筑能源供应开辟了新的可能。我们需深入挖掘可再生能源潜力，制定详尽的利用方案，让绿色能源成为驱动建筑高效运行的新引擎。

复次，智能化控制系统的引入，则是节能管理领域的革命性举措。通过集成先进传感技术、数据分析算法与自动化控制策略，我们实现对建筑能耗的全方位监控与智能调控。这一系统如同建筑的智慧大脑，能够根据环境变化与使用需求，自动调节能源使用，确保能源利用的精细化与高效化。

最后，运营管理作为节能成果巩固的关键环节，同样不容忽视。我们需建立健全节能管理制度，实施精细化运营管理措施，确保节能设计在日常运行中得以充分展现。通过定期维护、能效评估与持续改进，节能成为建筑生命周期中的常态，为建筑行业的绿色转型贡献力量。

节能设计的优化与改进是一项系统工程，需要我们秉持科学理念、掌握关键技术、制定详细策略，并在实践中不断探索与创新。只有这样，我们才能不断推动建筑能效迈向新高度，共筑绿色、低碳、可持续的美好未来。

第四节　装配式建筑可再生能源利用

一、装配式建筑中的太阳能利用技术与系统

（一）装配式建筑中太阳能利用技术的重要性

装配式建筑以其模块化和标准化的独特优势，正引领建筑领域迈向更高效、更环保的未来。然而，面对全球能源危机与环境挑战的加剧，单纯依赖建筑自身的节能设计已不足以应对。在此背景下，将太阳能利用技术深度融入装配式建筑，成了一项具有里程碑意义的举措。

太阳能，作为一种取之不尽、用之不竭的清洁能源，其开发利用过程完全零污染、零排放，对保护生态环境具有不可估量的价值。在装配式建筑中集成太阳能技术，不仅意味着大幅度削减对化石燃料的依赖，更标志着建筑向绿色、低碳转型的坚实步伐，有效降低了建筑的能耗与碳排放足迹。

此外，太阳能利用技术还极大地提升了建筑的能源利用效率。通过精心设计的太阳能收集与转换系统，自然界的阳光被巧妙地转化为热能或电能，为建筑提供持续稳定的能源供给。这一过程不仅满足了建筑内部的各种能源需求，还具备向周边社区供给能源的能力，促进了区域能源网络的互联互通与资源共享。

更令人欣喜的是，太阳能技术还为装配式建筑带来了使用价值与舒适度的双重提升。太阳能热水系统、太阳能供暖系统等的创新应用，为用户营造了温馨、健康的居住环境。同时，这些技术还能与建筑的智能控制系统无缝对接，实现能源使用的智能化调度与管理，进一步优化了建筑的使用体验与能效表现，展现了装配式建筑与太阳能技术融合发展的无限潜力。

（二）装配式建筑中太阳能利用技术的主要类型

在装配式建筑的绿色能源集成应用中，太阳能技术扮演了举足轻重的角色，其多元化的利用形式不仅彰显了技术的先进性，也体现了对可持续发展理念的深刻践行。

首先，太阳能光伏发电技术作为核心之一，巧妙地将屋顶、墙面等建筑外部空间转化为微型发电站，通过精密布局的太阳能电池板阵列，高效捕获并转化太阳辐射能为清洁电能，为装配式建筑提供了自主、稳定的电力供应。这一技术不仅简化了安装流程，降低了维护成本，更以其超长的使用寿命，成为绿色建筑能源解决方案中的佼佼者。

其次，太阳能热水技术以其独特的环保魅力，为装配式建筑注入了温暖与舒适。利用屋顶或阳台等优越位置安装的太阳能集热器，高效收集并转化太阳能为热能，直接加热生活用水，实现了热水的绿色生产与供应。这一技术不仅大幅减少了传统能源消耗，降低了碳排放，还以其安全可靠的特性，保障了居民的日常生活。

最后，太阳能采暖技术以其独特的节能与舒适并重的优势，进一步拓宽了太阳能在装配式建筑中的应用边界，通过在建筑的南向墙面或屋顶等阳光充足区域布置太阳能集热系统，高效捕获并利用太阳能热量，为建筑内部空间提供温暖舒适的采暖环境。这一技术不仅响应了节能减排的时代号召，更以其自然、健康的采暖方式，提升了居住者的生活品质，展现了绿色建筑以人为本的设计理念。

太阳能利用技术在装配式建筑中的广泛应用，不仅是对传统能源利用方式的一次革新，更是对未来绿色建筑发展方向的一次积极探索。通过太阳能光伏发电、热水及采暖技术的综合运用，装配式建筑正逐步构建起一个自给自足、清洁高效的绿色能源生态系统，为建筑行业的可持续发展贡献着重要力量。

（三）装配式建筑中太阳能利用系统的设计与应用

在装配式建筑中融入太阳能利用系统，其设计与应用是一项综合性的工程，需细致考量建筑本身的构造特性、所处地域的气候条件及具体能源需求等多重因素。从系统设计的初始阶段起，我们便需精准把握建筑的结构布局与能源消耗模式，以此为依据选定适宜的太阳能利用系统类型、规模及布局策略。这一过程需深入调研太阳能资源的丰富程度、气候的周期性变化，并综合评估系统的经济性与环境效益，必要时借助模拟分析软件，对系统性能进行前瞻性的预测与评估，确保设计方案的科学性与实施效果的最优化。

进入安装施工阶段，严谨细致的施工操作成为关键。施工人员需严格遵循设计方案，确保每一环节都符合质量与安全标准，以保障太阳能利用系统的稳固运行与高效输出。同时，安装完成后，全面的系统测试与验收不可或缺，这不仅是对施工质量的最终检验，也是确保系统能够无缝对接用户需求、发挥预期效能的重要环节。

而运营管理则是确保太阳能系统持续高效运行的长期保障。建立系统化的运维机制，涵盖定期巡检、性能监测、故障快速响应等全方位服务，旨在及时发现并解决问题，维持系统的最佳运行状态。此外，加强对用户的宣传教育与技能培训，提升其对太阳能系统的认知与操作能力，也是促进系统效能最大化、增强用户满意度的有效途径。

装配式建筑中的太阳能利用系统不仅是推动建筑节能与可持续发展的关键举措，更是展现技术创新与绿色理念融合的实践典范。未来，随着技术的不断进步与应用的深入拓展，我们有理由相信，太阳能利用技术将在装配式建筑领域发挥更加重要的作用，引领建筑行业迈向更加绿色、低碳、可持续的明天。

二、装配式建筑中的风能利用技术与系统

（一）装配式建筑中风能利用技术的重要性

风能，这一遍布全球、纯净无污染的可再生能源，在装配式建筑的绿色转型中扮演着至关重要的角色，其深远意义远超能源供应本身。首先，风能利用技术的融入，极大地增强了装配式建筑的自给自足能力，使之成为真正的"能源岛屿"。通过在建筑顶部或周边巧妙部署风力发电机，直接将自然界的风能转化为清洁电能，不仅为建筑内部照明、供暖、制冷乃至日常运营提供了稳定的绿色电力支持，还显著削弱了对外部电网的依赖，提升了能源供应的安全性与自主性。这种能源自给自足的模式，是装配式建筑迈向能源独立的重要一步，预示着未来建筑能源格局的深刻变革。

其次，风能利用技术是推动装配式建筑绿色低碳转型的关键驱动力。在应对全球气候变化、减少温室气体排放的大背景下，风能作为一种零排放的能源形式，其大规模应用对于降低建筑运营阶段的能耗与碳排放具有不可估量的价值。通过减少化石燃料的消耗，风能不仅有助于缓解能源紧张局势，还能有效减轻建筑活动对环境的负面影响，促进人与自然的和谐共生，引领建筑行业向更加环保、可持续的方向发展。

最后，从经济视角审视，风能利用技术为装配式建筑带来了长远的经济效益。诚然，初期投资于风力发电系统可能涉及较高的成本，但这一投资实为面向未来的明智之举。随着全球能源价格的持续攀升及各国政府对可再生能源支持力度的不断加大，风能发电的经济优势将日益凸显。此外，风能发电系统与其他能源系统（如太阳能光伏、储能装置）的集成应用，能够形成优势互补的能源综合解决方案，进一步提升能源利用效率，降低整体运营成本，为装配式建筑带来更加稳定可靠的能源供应与可观的经济回报。因此，风能利用技术不仅是环保的选择，更是经济合理的决策，为装配式建筑的可持续发展铺就了坚实的道路。

（二）装配式建筑中风能利用技术的主要类型

在装配式建筑的绿色能源解决方案中，风能利用技术占据了举足轻重的地位，其主要涵盖风力发电与风力驱动两大核心领域。风力发电技术，作为风能利用的高级形态，巧妙地将自然界的强风转化为清洁、可再生的电能。在装配式建筑的屋顶、开阔阳台乃至周边规划合理的空地上，风力发电机优雅矗立，它们捕捉着每一缕风的律动，驱动发电机内部的机械结构旋转，进而将这份无形的力量转化为电能，直接供给建筑内部的电气系统使用，实现了能源的自给自足与绿色循环。此技术不仅响应了全球对清洁能源的追求，还凭借其成熟的技术体系与广泛的应用基础，成了装配式建筑绿色升级的重要推手。

另外，风力驱动技术则以一种更为直接且经济的方式融入了装配式建筑的日常运营之中。该技术充分利用风力这一自然资源，驱动建筑内部的特定设备与系统高效运行。例如，在建筑设计之初我们便巧妙融入风力驱动的通风系统，通过精妙的风道布

局与风力捕捉装置，实现室内空气的自然流通与高效换气，为居住者营造更加健康舒适的居住环境。此外，风力驱动技术还可应用于水泵等辅助设备，借助风力的力量为建筑提供稳定可靠的用水解决方案，展现了其在提升建筑自给自足能力方面的独特价值。风力驱动技术以其结构简单、维护便捷的优势，特别适用于那些对能源利用效率有较高要求且环境条件允许的场景，为装配式建筑的节能减排与可持续运营开辟了新的路径。

（三）装配式建筑中风能利用系统的设计与应用

在装配式建筑中整合风能利用系统，是一项涉及多维度考量与精细化操作的复杂工程，它要求我们从系统设计、安装施工到运营管理，每一环节都紧密衔接、精准施策。

系统设计阶段，我们需深入剖析建筑的结构特性、所处区域的气候条件及确切的能源需求，从而精准定位风能利用系统的类型、规模与布局。这包括详尽的风能资源评估、发电机型号与布置策略的选择，以及系统容量与并网方式的科学规划。同时，我们务必兼顾系统的经济性、耐久性和维护便捷性，确保其在复杂多变的环境中仍能长期稳定、高效运行。此外，我们还需特别关注发电机与建筑结构的和谐共生及安全性，优化布局以提升发电效能，并增强系统的抗风能力，以应对极端天气挑战。

安装施工阶段，我们需严格按照设计方案，精心组织施工力量，确保风力发电系统精准安装与调试。这包括精准选定安装位置与方式，确保发电机稳固固定；细致完成电气连接与并网调试，保障系统顺畅发电并网；以及严格测试验收，确保系统性能达标。施工过程中，我们严格遵守安全规范与施工标准，高效调配资源，强化现场监管，确保工程质量与安全。

运营管理阶段，我们则致力于构建完善的运维体系，保障风能利用系统的持续高效运行。这包括定期巡检维护，实时监测系统性能，及时响应故障处理；与电网公司紧密合作，确保并网顺畅与电力交易顺畅；灵活调整运行策略以适应风能资源变化；同时，促进与其他可再生能源系统的协同，实现能源互补，共同推动绿色建筑生态的繁荣。通过这一系列科学管理与创新实践，我们将为装配式建筑插上风能的翅膀，助力其在绿色发展的道路上翱翔。

第五节 绿色节能技术在装配式建筑中的发展趋势

一、绿色节能技术的创新与发展

（一）技术创新引领绿色节能技术的新发展

技术创新，作为绿色节能技术蓬勃发展的不竭源泉，正以前所未有的速度推动着全球能源体系与生态环境的深刻变革。在新能源探索的征途上，太阳能、风能、水能等可再生能源技术持续突破，引领着能源革命的新浪潮。太阳能光伏发电技术，凭借转换效率的飞跃式提升与制造成本的显著下降，正加速从实验室走向千家万户，成为分布式能源供给的中坚力量。风力发电领域，通过材料科学的进步与空气动力学的精妙设计，风力发电机组不仅体型更加庞大，效能也更为卓越，它们在全球广袤的天地间悠然旋转，将风的律动转化为推动社会前行的绿色电力。水能发电则是通过智慧水利系统的构建与水资源的高效配置，让每一滴水都发挥出最大的能源价值，既保障了能源供应的稳定，又维护了水生态系统的平衡。

转向建筑领域，绿色建筑与节能建筑技术的革新，正悄然重塑着城市天际线。这些创新不仅聚焦于材料层面的升级，如高性能保温材料、智能玻璃的应用，更深入到系统集成的层面，如太阳能集成热水系统、光伏建筑一体化解决方案及基于物联网的智能能源管理系统，它们共同编织出一张绿色、高效、智能的建筑能源网络。绿色建筑不再仅仅是节能减碳的代名词，更是人与自然和谐共生的生动实践，展现了未来城市可持续发展的美好愿景。

工业领域同样不甘落后，工业节能技术的革新正引领着制造业的绿色转型。从生产流程的精细化管理到设备的智能化升级，每一步都蕴含着节能降耗的无限可能。高效节能电机、变频调速装置等先进设备的应用，使得能源在工业生产中的每一次流转都更加高效、精准。而余热回收、废气净化等技术的突破，则让曾经被视为"废物"的副产品焕发新生，转化为有价值的资源，实现了经济效益与环境效益的双赢。这一系列技术创新，不仅提升了工业生产的绿色竞争力，更为全球工业体系的可持续发展奠定了坚实基础。

（二）政策推动助力绿色节能技术的快速发展

政策作为绿色节能技术发展的强劲引擎，正引领全球范围内该领域的蓬勃兴起。各国政府积极作为，制定并实施了全面而具体的绿色节能政策框架与法规体系，旨在激励并保障绿色节能技术的持续研发与广泛应用。从设立专项扶持基金、实施税收减免与财政补贴等经济激励手段，到构建绿色采购政策与市场准入机制，一系列措施有效降低了绿色节能技术的投资门槛，提升了其市场竞争力，为技术创新与市场拓展铺设了坚实的政策基石。

与此同时，国际合作成为加速绿色节能技术全球化进程的关键路径。各国政府超越国界，携手搭建起技术研发共享平台，推动跨国界的技术示范项目与经验交流，共同培育国际绿色节能技术人才。这种开放合作的态度不仅促进了全球绿色节能技术资源的优化配置，还激发了跨国界的创新火花，实现了技术成果的快速扩散与应用，为构建全球绿色节能技术共同体、促进全球可持续发展目标的实现贡献了重要力量。

（三）市场需求驱动绿色节能技术的广泛应用

市场需求的强劲动力，无疑是绿色节能技术广泛普及的核心催化剂。在全球气候变化与环境危机日益严峻的背景下，社会各界对绿色节能技术的渴求空前高涨。政府层面，出于对环境保护与可持续发展的坚定承诺，其纷纷出台一系列激励政策与法规，旨在引导企业采纳绿色节能技术，减少碳足迹，促进经济与环境的双赢。企业界亦积极响应，视绿色节能技术为提升核心竞争力、削减成本、引领行业绿色转型的关键路径，不断加大研发投入，推动技术革新与应用实践。

与此同时，消费者群体对绿色生活的向往，成为绿色节能技术普及的另一重要推手。随着生活品质的提升与人们环保意识的觉醒，消费者愈发倾向选择那些符合环保标准、节能高效的产品与服务。这一趋势不仅激发了绿色节能产品市场的活力，促使企业不断创新，提升产品性能与用户体验，还加速了绿色节能技术从概念到现实的转化进程，拓宽了其应用范围与影响力。

绿色节能技术的蓬勃发展，是技术创新、政策导向与市场需求三者合力作用的结果。面对未来更加紧迫的环境挑战，持续深化技术创新、强化政策扶持、激发市场需求，将是推动绿色节能技术迈向新高度、助力全球可持续发展的必由之路。我们需携手并进，以科技之光照亮绿色未来，共同守护这个唯一的地球家园。

二、绿色建筑评价标准与认证体系

（一）绿色建筑评价标准与认证体系的重要性

绿色建筑评价标准与认证体系构成了推动建筑业绿色革命的核心框架，其深远意义在于引领整个行业步入一个更加生态友好、资源高效利用与经济社会效益并重的全新发展阶段。此体系不仅如同一盏明灯，为建筑业照亮了通往绿色转型的明确路径，促使建筑实践围绕环保、节能与高效的核心价值展开创新；而且，它作为一把标尺，精准衡量建筑在整个生命周期内的资源使用效率，激励行业采纳可再生资源与前沿节能技术，促进了资源的优化配置与循环利用，有效缓解了自然资源的压力。更为重要的是，绿色建筑评价标准与认证体系牢固树立了环境保护的优先地位，确保建筑活动的每一步都力求最小化对自然环境的侵扰，为地球的可持续发展筑起了一道坚实的防线。

（二）绿色建筑评价标准与认证体系的发展历程

绿色建筑评价标准与认证体系的全球发展历程，是一部从萌芽到繁荣、从单一模式向多元化格局转变的壮阔史诗。在国际舞台上，这一领域的先驱者如美国绿色建筑委员会所创立的 LEED 体系，以其全面性、前瞻性和实用性，迅速成为国际绿色建筑评价的标杆。LEED 不仅关注能源效率与环境影响，还融入了室内环境质量、水资源利用、材料资源等多个维度，引领了全球绿色建筑实践的潮流。同时，英国建筑研究院的 BREEAM 体系，以其深厚的科研背景和严谨的评估流程，为绿色建筑评价提供了另一重要视角，两者共同推动了国际绿色建筑评价标准的成熟与完善。

在我国，绿色建筑评价标准与认证体系虽起步较晚，但凭借国家政策的强力推动与业界的积极响应，实现了跨越式发展。2006 年，国家住房和城乡建设部发布的《绿色建筑评价标准》（GB/T 50378—2006），标志着我国绿色建筑评价体系的正式建立，为绿色建筑的设计、建造与运营提供了权威指导。此后，随着绿色建筑理念的深入人心和实践经验的不断积累，我国绿色建筑评价体系日益丰富多元，各地根据区域特点制定了更加细化的地方标准，如《中国绿色建筑评价标准》等，这些标准不仅体现了地方特色，也促进了绿色建筑技术的创新与应用，为我国绿色建筑事业的蓬勃发展奠定了坚实基础。这一过程，不仅见证了我国绿色建筑评价标准与认证体系的快速成长，也反映了我国在应对全球气候变化、推动可持续发展方面的坚定决心与实际行动。

（三）绿色建筑评价标准与认证体系的主要内容

绿色建筑评价标准与认证体系作为衡量建筑绿色性能的标尺，其精髓深植于多维度、多层次的评价框架之中。该体系精心构建了全面而细致的评价指标集，不仅涵盖了资源节约的广泛议题，如能源高效利用、水资源循环策略及建材可持续选择，还深入触及环境保护的核心领域，包括噪声控制、空气质量优化及碳排放减量等关键方面。此外，对于居住者福祉的关注亦不可或缺，舒适健康指标聚焦于室内环境质量的提升与居住者健康状态的维护。同时，经济合理性作为连接绿色理念与实际应用的重要桥梁，强调了绿色建筑在投资回报与长期经济效益上的双赢可能性。

在评价方法上，该体系创新性地融合了定量与定性评估的双重智慧。定量评价依托精密的数据采集与分析技术，对建筑各项性能指标进行精准量化，确保评价的客观性与科学性；而定性评价则侧重于对建筑全生命周期内设计理念的践行、施工质量的把控及运营管理的优化进行主观判断，捕捉那些难以量化的绿色价值。这种综合评价方式，既严谨又全面，为绿色建筑性能的全面审视提供了有力支撑。

至于认证流程，则是一套严谨而高效的机制，确保绿色建筑标准得到严格遵循与落实。从项目方提交详尽申请资料的起始阶段，到认证机构深入现场开展细致评估与数据收集的关键环节，再到对评估结果进行全面审核与严格把关的审核阶段，每一步都环环相扣，不容丝毫懈怠。最终，对于符合绿色建筑高标准严要求的项目，认证机构将授予其权威认证证书，这不仅是对项目绿色性能的官方认可，更是对其在推动行业绿色发展道路上所做贡献的肯定。

（四）绿色建筑评价标准与认证体系的影响与展望

绿色建筑评价标准与认证体系，作为建筑领域绿色革命的催化剂，其对建筑行业乃至整个社会的影响深远而广泛。首先，这一体系如同灯塔一般，引领着建筑行业向绿色、低碳、可持续的方向转型，它鼓励资源的高效循环利用，减少了自然环境的压力，为地球的可持续发展贡献了重要力量。通过严格的标准与认证流程，绿色建筑评价标准不仅规范了建筑实践，更激发了行业对于环保材料的研发、节能技术的创新，推动了整个产业链的绿色升级。

其次，绿色建筑评价标准与认证体系显著提升了建筑的综合品质与居住体验。它强调室内空气质量、自然采光、热舒适性等人性化指标，确保建筑在提供基本功能的同时，更能满足人们对健康、舒适生活的追求。这样的居住环境，不仅有助于居住者的身心健康，也提升了建筑的社会价值，增强了人们对绿色建筑理念的认同与支持。

再次，该体系还是建筑技术创新与进步的强大驱动力。面对日益严格的评价标准，建筑行业不得不不断探索新技术、新材料、新工艺，以满足绿色建筑的高要求。这一过程不仅促进了建筑技术的迭代升级，也为行业带来了新的增长点，推动了整个建筑产业的技术革新与可持续发展。

展望未来，绿色建筑评价标准与认证体系的作用将更加凸显。随着全球气候变化的严峻挑战与环境问题的日益突出，绿色建筑将成为建筑业不可逆转的发展趋势。因此，我们需要持续优化和完善这一体系，确保其科学性与适用性，紧跟时代步伐，引领行业前行。同时，我们加强国家间的合作与交流，分享成功经验，共同应对全球性挑战，携手推动全球绿色建筑事业的蓬勃发展，为子孙后代留下一个更加绿色、健康的地球家园。

第八章　装配式建筑技术经济分析

第一节　装配式建筑成本分析

一、装配式建筑成本构成与核算

装配式建筑的成本主要包括直接成本和间接成本两大类。

（一）直接成本

在装配式建筑的成本构成中，材料成本占据着举足轻重的地位，它涵盖了预制构件的核心费用，这些构件作为建筑的基本单元，其价格受市场供需动态、原材料市场波动及生产工艺复杂度的直接影响。此外，连接件、保温层、防水层及装饰材料的选择与应用，同样对总体材料成本产生显著影响，这些材料的选择不仅关乎建筑性能，也紧密关联到成本控制的精细考量。

人工成本方面，装配式建筑的生产流程对专业技能提出了更高要求，从预制构件的精确制造到现场的高效安装，每一步都依赖经验丰富的技术工人及先进的机械设备。因此，人工成本中不仅包含了工人工资，还隐含了培训成本及技术传承的价值，确保了生产安装过程中的质量控制与效率提升。然而，这也意味着相较于传统建造方式，装配式建筑在人工成本上可能面临更高的初期投入。

至于机械使用成本，它是推动装配式建筑现代化进程不可或缺的一环。从高度自动化的预制构件生产线，到现场吊装作业的精密设备，再到确保构件及时送达的运输车队，这一系列机械设备的高效运转是装配式建筑得以实现规模化、标准化生产的关键。然而，随之而来的折旧损耗、定期维护、燃油消耗等费用，也是不可忽视的成本项。随着技术的进步与设备的更新换代，如何在保证生产效率的同时，有效控制机械使用成本，成为装配式建筑行业要持续探索的重要课题。

（二）间接成本

在装配式建筑项目的成本构成中，管理费用、财务费用及税金和附加费共同构成了非直接生产成本，它们虽不直接关联产品的物质生产过程，但对于项目的整体经济效益与社会责任履行具有不可或缺的作用。

管理费用涵盖了项目管理、质量管理、安全管理等多个维度的开支，这些费用是确保项目高效、有序运行的关键。项目管理费用涉及项目规划、进度控制、资源配置等，为项目的顺利推进提供了坚实的组织保障；质量管理费用则聚焦于产品质量的监控与提升，通过严格的质量检测与控制措施，保障建筑产品的安全可靠；安全管理费用则强调了对施工现场安全风险的预防与控制，为工人与周边环境的安全筑起了一道防线。这些管理活动虽不直接创造价值，但它们是项目成功与产品品质的坚实后盾。

财务费用方面，由于装配式建筑项目规模宏大，往往需要巨额的资金投入来支持其建设。因此，资金占用成本、利息支出等财务费用成了项目成本中不可忽视的一环。合理的财务规划与管理，不仅能够有效控制融资成本，还能通过资金的高效运作提升项目的整体经济效益。

此外，税金和附加费也是项目成本的重要组成部分。这些费用包括增值税、所得税、城市建设维护税等，是国家税收政策的具体体现。作为社会公民，企业有责任依法纳税，支持国家建设与公共事业发展。同时，合理筹划税收，利用税收优惠政策，也是企业优化成本结构、提升竞争力的有效途径之一。

管理费用、财务费用及税金和附加费在装配式建筑项目的成本构成中扮演着重要角色，它们共同影响着项目的经济效益与社会效益。因此，在项目管理过程中，我们应给予这些费用足够的重视，通过精细化管理、科学规划等措施，有效控制成本，提升项目整体价值。

（三）装配式建筑成本核算

装配式建筑的成本核算是一项综合性强、精确度要求高的系统性工作，它贯穿于项目从规划到竣工的全过程，是确保项目经济合理性与高效运作的基石。这一流程始于成本估算，在项目启动之初，我们依据详尽的项目规划、独特的设计理念、预计的工期安排及市场环境的综合考量，对项目成本进行初步但全面的预估。此阶段，对市场动态的高度敏感与对潜在风险的准确预判至关重要，以确保估算结果既能贴近实际，又能为后续工作提供坚实支撑。

随后进入成本预算制定阶段，这一过程是对估算的深化与细化，旨在构建一个覆盖项目全生命周期、细化至每一环节的成本管理体系。预算不仅详尽规划了材料采购、预制构件制造、物流运输、现场安装等关键环节的费用分配，还设定了清晰明确的成本控制目标，旨在引导项目团队在既定预算框架内高效运作，避免成本超支。

随着项目的推进，成本核算环节紧随其后，它如同项目的财务显微镜，精准记录并分析每一笔费用的发生与流向。通过细致的成本分类与详尽的记录，项目管理者能够实时掌握成本动态，为及时调整策略、优化资源配置提供数据支持。成本核算的精准度与及时性，直接关系到项目成本控制的成效。

成本分析作为核算的延伸，通过多维度的剖析，如成本结构的深度解剖、成本偏差的根源追溯、成本效益的综合评估，为项目团队揭示了成本控制中的亮点与暗礁。这一过程不仅是对过往经验的总结提炼，更是未来改进方向的指引灯塔，促使项目团队不断优化管理策略，提升成本控制能力。

最终，基于成本分析与预算目标的比对，项目团队将制定并实施一系列针对性的成本控制措施。这些措施可能涵盖设计优化、工艺革新、材料节约等多个方面，旨在从源头上削减不必要的开支，提升项目整体的经济效益。同时，我们通过建立健全的成本控制责任体系，明确各责任主体的权责边界，确保控制措施能够得到有效执行，真正实现成本控制的闭环管理。

装配式建筑的成本构成与核算不仅是项目财务管理的重要组成部分，更是推动行业健康发展、提升项目经济效益的关键环节。未来，随着技术的不断进步与管理模式的持续创新，我们有理由相信，装配式建筑的成本核算工作将更加高效、精准，为行业的可持续发展注入更强动力。

二、装配式建筑与传统建筑成本比较

（一）前期成本分析

装配式建筑相较于传统建筑，在前期成本结构上展现出鲜明的特性。在设计阶段，装配式建筑的独特之处在于其构件的标准化与模块化需求，这促使设计团队必须展现出更高的专业素养与前瞻视野，以确保设计方案的兼容性与优化性，因此，设计成本相较于传统模式会有所攀升。同时，这一设计过程也加深了与预制构件生产商的合作紧密度，要求更为频繁的沟通与协调，从而提升了前期的协作成本。

转至材料成本层面，尽管装配式建筑所依赖的预制构件在工厂内通过高效流水线生产，能显著降低生产周期与成本，但鉴于这些构件需满足更为严苛的精度与质量标准，其单位成本可能略高于传统建材。然而，这一成本上升在整体考量下可能得到平衡，因为预制构件的应用显著减少了施工现场的材料损耗，从而有效控制了总体材料成本的增长幅度。

此外，在前期筹备阶段，装配式建筑对施工环境的严格要求不可忽视。为了确保施工顺利进行，我们必须加大对临时设施的投资，并精心挑选与配置适宜的施工机械。这些额外措施，虽然短期内增加了成本负担，但长远来看，它们为装配式建筑的高效施工与质量控制奠定了坚实基础。

（二）施工成本分析

装配式建筑的施工模式在施工过程中凸显了其显著的成本优势。其核心在于预制构件的应用，这些构件在高度自动化的工厂环境中进行规模化生产，随后被精准运输至施工现场进行快速组装。这一流程极大缩减了施工现场的湿作业范畴，有效降低了对熟练劳动力的依赖，进而压缩了人工成本。预制构件的高精度特性更是直接减少了现场施工的误差与材料浪费，显著提升了施工效率与质量控制水平。

进一步而言，装配式施工模式通过机械化与自动化手段替代了传统建筑中大量的人力密集型作业，如模板架设与混凝土浇筑等，这不仅减轻了工人的劳动强度，也从根本上缩减了人工成本开支。同时，该模式还显著改善了施工现场的工作环境，减少了噪声与粉尘污染，为施工人员创造了一个更加健康、舒适的作业空间，间接降低了因环保法规严格而可能产生的额外费用，实现了经济效益与环境效益的双赢。

（三）后期成本分析

在装配式建筑与传统建筑的成本对比中，装配式建筑在后期成本领域展现出了独特优势。得益于其预制构件的高标准施工，装配式建筑在结构强度和耐久性上表现卓越，这意味着建筑物在长期使用中，维修与保养的需求及相应费用得以显著降低。

在维护成本层面，装配式建筑通过精细化的结构设计与科学的材料应用，有效抵御了材料老化、结构变形等常见问题，进一步减少了维修工作的发生。加之其对节能性、保温性的深入考量，装配式建筑在运行阶段能耗更低，运行成本也随之减少，为用户带来了长期的经济节约。

更值得关注的是，装配式建筑的可持续性优势显著。其预制构件的生产模式大幅减少了建筑垃圾的产生与排放，同时工厂化生产便于对材料使用进行精确控制及回收再利用，促进了资源的循环高效利用，完美契合当前绿色、低碳的可持续发展趋势，减少了建筑对环境的长远影响及相关成本。

装配式建筑的成本优势不仅体现在全生命周期成本的均衡考量上，更在于其跨越建筑生命周期的持续价值创造。尽管其初期建设成本可能略高于传统建筑，但施工及后期成本的显著优化，使装配式建筑成了一个更具前瞻性和经济性的选择。随着技术的不断精进与普及，其成本优势将愈发凸显，引领建筑行业迈向更加绿色、高效的发展未来。

三、装配式建筑成本优化与控制

（一）设计阶段成本优化与控制

在设计阶段，装配式建筑的成本优化与控制策略扮演着举足轻重的角色，它们不仅塑造了建筑的美学与功能双重价值，更是成本控制的关键所在。首先，标准化与模块化设计的深度融合，构成了装配式建筑成本效益的基石。制定统一的构件标准，促进预制件的规模化生产，有效降低了单位生产成本，同时模块化设计思路的引入，使得施工流程得以精简，现场组装效率显著提升，从而实现了从生产到施工全链条的成本压缩。

其次，结构设计的优化是另一大成本节约利器。设计师需秉持"适度而精准"的设计理念，在确保结构安全稳固的基础上，巧妙运用力学原理，减少材料冗余，避免不必要的重量与成本负担。这种精细化的结构设计策略，不仅体现了对资源的尊重与高效利用，也为后续施工带来了便利，进一步降低了施工难度与成本。

再次，精细化设计的实践是贯穿设计全过程的微雕艺术。设计师需具备敏锐的洞察力与严谨的态度，对每一个细节精雕细琢，从构件尺寸的精准计算到连接节点的巧妙处理，无不体现出对成本控制的极致追求。通过减少因设计偏差导致的返工与浪费，精细化设计为装配式建筑的成本优化贡献了不可小觑的力量。

最后，建筑信息模型技术的引入则为设计阶段的成本优化与控制插上了智慧的翅膀。建筑信息模型平台以其强大的数据集成与可视化能力，为设计师提供了一个全方位、多角度的决策支持环境。通过建筑信息模型，设计师能够提前模拟施工场景，精准预测成本走势，及时发现并解决潜在的冲突与问题，从而有效规避了后期变更带来的额外成本。这种前瞻性的成本控制手段，不仅提升了设计决策的科学性与准确性，更为装配式建筑的可持续发展奠定了坚实的基础。

（二）生产阶段成本优化与控制

在生产阶段，针对装配式建筑的成本优化与控制，实施一系列精细化策略显得尤为重要。首先，聚焦于生产流程的优化，通过精密规划生产计划，精准调度资源，减少不必要的等待与闲置时间，提升生产线的流畅度与效率。同时，积极引入先进的生产设备与工艺技术，不仅缩短了生产周期，还显著提升了构件的精度与品质，为成本控制与质量提升奠定了坚实基础。

其次，材料成本的有效控制是成本优化的关键一环。建立健全的材料管理体系，从源头把控材料质量与数量，避免过度采购与无谓损耗，确保每一份材料都能物尽其用。此外，积极寻求与优质供应商的深度合作，建立长期稳定的供应关系，利用集中采购的优势降低单价，进一步压缩材料成本。

再次，构件质量的提升对于整体成本控制具有深远影响。在生产阶段，实施严格的质量管理体系，确保每一构件均能满足甚至超越设计要求与质量标准。这不仅减少了因质量问题导致的返工与修复成本，更在长远视角下降低了建筑运营期间的维护费用，提升了建筑的经济性与使用寿命。

最后，加强质量控制体系的建设是不可或缺的一环。通过建立全方位、多层次的质量控制网络，对生产过程中的每一道工序、每一个环节进行严格监控，确保质量标准的严格执行。同时，强化质量检验与验收流程，利用现代检测技术及时发现并纠正潜在的质量问题，将质量问题扼杀在萌芽状态，为装配式建筑的成本控制与品质保证筑起坚固防线。

（三）施工阶段成本优化与控制

施工阶段的精细化管理是装配式建筑成本控制的核心策略集。首先，精确规划施工进度，确保各项作业衔接顺畅，既避免延误导致的成本攀升，也充分考虑现场条件与天气因素，灵活调整施工计划，以科学预见性应对不确定性。其次，施工方案的持续优化是关键，通过引入前沿施工技术和高效设备，精心布局施工顺序与作业区域，实现流程精简与效率飞跃，直接降低施工成本。

再次，强化施工现场管理亦不容忽视，它是遏制浪费、提升资源利用率的直接手段。建立健全的现场管理制度，强化监督与指导，确保材料使用精准高效，设备运转持续稳定，人工成本得到有效控制。此外，严格把控工程变更，通过严谨的审批流程减少不必要的变更请求，防止其成为成本超支的温床，保障项目按计划稳步推进。

最后，培养全员成本控制意识是持续降低成本的内在动力。通过定期培训和考核，提升施工团队的成本敏感度与节约能力，每一位参与者都成为成本控制的积极参与者和受益者。装配式建筑的成本优化与控制是一场系统工程，需贯穿设计构思、生产准备至施工执行的每一个环节，通过综合施策，实现成本、效率与质量的和谐共生。

第二节　装配式建筑经济效益评估

一、装配式建筑经济效益评估指标与方法

（一）装配式建筑经济效益评估的指标体系

在进行装配式建筑经济效益的全方位评估时，构建一个多维度、系统化的指标体系至关重要，这一体系需深度融合经济、社会与环境三大领域的考量，以全面反映其综合效益。

经济维度下，评估体系不仅聚焦于传统意义上的财务指标，如投资回报率，它直观揭示了项目投资的盈利潜力；还深入剖析建设成本构成，细致到预制构件的生产、运输、安装等各环节成本，为成本控制与优化提供精准数据支持。建设周期的考量则强调了时间价值，快速周转意味着资金利用效率的提升与财务成本的降低。此外，运营效率作为长期经济性的关键指标，涵盖了能源高效利用、维护成本优化等方面，展现了装配式建筑在运营阶段的持续经济价值。

社会层面，评估体系拓宽了视野，不仅关注就业影响，衡量装配式建筑产业链对劳动力市场的正面效应，还重视技术创新的推动作用，评估其在促进建筑科技进步、提升行业竞争力方面的贡献。同时，产业结构优化的评估维度，揭示了装配式建筑作为现代建筑业转型升级重要推手的战略意义，有助于引导资源向更高效、更可持续的生产模式流动。

环境维度则凸显了装配式建筑的绿色属性。节能减排作为核心指标，全面评估其在降低能源消耗、减少温室气体排放方面的具体成效，是响应全球气候变化挑战的关键。资源利用方面，强调可再生资源与循环材料的广泛应用，评估其对自然资源的节约与循环经济的促进。生态影响评估则进一步细化，关注装配式建筑在建设及运营过程中对周边生态环境的保护与改善作用，包括生态多样性保护、水土保持等多个方面，体现了其和谐共生的设计理念。

这一综合指标体系通过精细化、全面化的考量，不仅为装配式建筑的经济效益评估提供了科学依据，也为政策制定者、投资者及社会公众提供了全面了解装配式建筑综合价值的窗口。

（二）装配式建筑经济效益评估的方法

在深入剖析装配式建筑的经济效益时，采纳一系列科学严谨、多维度的评估方法显得尤为关键。成本效益分析法作为基石，通过精细量化项目的全生命周期成本（涵盖建设、运营、维护及废弃等各阶段）与预期收益，直接揭示项目的净效益水平，为

经济效益的初步判断提供了坚实的数据支撑。而生命周期成本评估法则在此基础上进一步拓展，它不仅关注短期内的成本收益对比，更将视野拉长至建筑的全生命周期，全面审视各阶段成本分布与变动趋势，为长期经济合理性的评估提供了更为深远的视角。

敏感性分析法则扮演了风险预警与策略制定的角色，它深入剖析影响装配式建筑经济效益的关键因素，如原材料价格波动、能源效率变化等，通过模拟这些因素的变动情境，评估项目经济效益的敏感程度与潜在风险，为决策者提供了应对不确定性的策略工具箱。这一方法增强了评估结果的弹性和实用性，确保了经济效益评估的动态性与前瞻性。

此外，比较分析法作为横向对比的利器，通过构建跨项目或跨建筑形式的效益比较框架，直观展示不同方案间的经济效益差异，为决策者提供了直观的选择依据。该方法不仅促进了方案间的优胜劣汰，也推动了装配式建筑技术与模式的持续创新与发展。

装配式建筑经济效益的评估是一个多维度、多层次的系统工程，它要求评估者不仅具备扎实的理论基础，还需灵活运用多种科学方法，构建全面、精细的评估体系。通过这一系列的评估努力，我们能够更加精准地把握装配式建筑的经济效益脉搏，为政策制定、投资决策及产业规划提供强有力的数据支持与科学指导，进而推动装配式建筑产业的健康、可持续发展。

二、装配式建筑投资回报率分析

（一）装配式建筑投资回报率概述

投资回报率作为衡量装配式建筑项目经济效益的核心标尺，直观展现了投资者资金利用效率与投资成果之间的量化关系。在深入分析这一指标时，我们必须认识到其受多重复杂因素的交织影响。具体而言，项目的建设成本，涵盖了从预制构件生产到现场安装的各个环节费用，直接关联到投资初期的资金布局与成本回收周期；运营收益，则取决于建筑在投入使用后的能源效率、维护成本及市场租赁或销售表现，是投资回报率持续增长的动力源泉。此外，市场需求的变化如同风向标，引导着项目的市场定位与收益预期，而政策环境，更是项目能否享受税收优惠、补贴等利好，进而影响投资回报的关键因素。因此，我们对装配式建筑投资回报率的精准剖析，需采取多维度、系统化的视角，全面审视并综合评估上述各类因素的动态作用，以确保分析结果的全面性与准确性。

（二）影响装配式建筑投资回报率的关键因素

在评估装配式建筑项目的投资潜力与回报时，建设成本、运营收益、市场需求及政策环境四大要素构成了核心考量框架。首先，建设成本作为项目投资的基础，其构成复杂且多样，涵盖了从预制构件的精密制造到高效运输，再到现场精准组装的各个环节。为有效控制这一成本，投资者需精心策划设计方案，积极引入现代化生产技术与设备，同时不断优化施工流程，提升团队协作效率，以期在保障项目质量的同时，最大化地压缩建设成本，进而提升整体投资回报率。

其次，运营收益作为项目长期生命力的体现，直接关系到投资者的财务回报。除了传统的租金与物业管理收入外，投资者还应积极探索增值服务领域，如智能家居集成、绿色能源供应等，以多元化的服务模式吸引并留住客户，拓宽收益渠道。同时，强化运营管理，提升服务品质，也是增强客户黏性，促进运营收益稳步增长的关键。

再次，市场需求则是驱动项目成功的外部引擎。随着城市化进程的加快与人们对居住品质要求的提升，装配式建筑以其高效、环保的特性日益受到市场青睐。投资者需深入调研市场需求动态，精准把握市场脉搏，确保项目定位与市场需求高度契合。同时，对潜在市场风险的敏锐洞察与有效应对，也是保障项目持续稳健运营的重要一环。

最后，政策环境作为影响项目投资回报率的外部变量，其重要性不容忽视。政府的政策支持与激励措施，如税收优惠、财政补贴等，能够为项目提供强有力的外部助力，降低投资门槛与运营成本。此外，政府的规划与监管政策也直接关乎项目的市场准入与未来发展前景。因此，投资者需密切关注政策动向，及时调整投资策略，确保项目在符合政策导向的同时，最大化地享受政策红利。

（三）装配式建筑投资回报率的分析方法

在进行装配式建筑项目的投资回报率分析时，我们可采用多元化的方法以全面评估其经济潜力。静态投资回报率分析作为起点，提供了一种直观且基础的方式，通过直接对比年运营净收益（年运营收益减去年运营成本）与初始投资总额的比例，初步揭示项目的盈利潜力。然而，为更精确地把握项目的长远价值，动态投资回报率分析不可或缺，它引入了资金时间价值的考量，利用内部收益率或净现值等高级财务指标，深入剖析项目在不同时间节点上的盈利能力与风险状况，为投资者提供了更为丰富的决策依据。

此外，敏感性分析作为风险管理的关键工具，在装配式建筑项目中尤为重要。通过模拟不同变量（如建设成本波动、市场需求变化等）对投资回报率的影响，敏感性分析帮助投资者识别并量化潜在风险点，进而制定针对性的风险缓释策略，确保项目稳健推进。

案例分析与比较作为实践智慧的结晶，为投资者提供了宝贵的行业洞察。通过横向对比同类项目的投资回报率表现，投资者不仅能够把握行业平均水平与标杆项目的成功要素，还能从中提炼出影响投资回报率的关键因素，为自身项目的优化与决策制定提供实证支持，确保投资决策的科学性与合理性。

（四）装配式建筑投资回报率的提升策略

在追求装配式建筑项目的高投资回报率与低风险路径上，采取一系列策略性举措显得尤为关键。首先，优化设计方案是核心策略之一，它要求投资者与设计团队紧密协作，共同探索并实践前沿的设计思维与技术革新。通过巧妙融合新材料、新工艺与智能化设计元素，我们不仅能够有效削减建设成本，还能显著提升建筑的结构效能、节能性能及居住舒适度，为项目奠定坚实的价值基础。

其次，强化运营管理是确保项目持续盈利的关键环节。投资者应积极引入现代化的物业管理理念与智能化管理工具，通过精细化管理与高效服务流程，不断提升客户满意度与忠诚度。这不仅有助于稳定并扩大客户基础，还能有效降低运营成本，提升整体运营效率，为项目创造更多收入来源。

再次，拓展增值服务是提升项目附加值与竞争力的有效途径。投资者应深入挖掘市场需求，精准定位客户群体，提供包括智能家居系统、绿色能源解决方案在内的多元化增值服务。这些增值服务不仅能够满足客户的个性化需求，还能显著提升项目的差异化竞争优势，为投资者开辟新的盈利增长点。

最后，密切关注政策动态与市场趋势是降低投资风险、把握发展机遇的必要条件。投资者需建立高效的信息收集与分析机制，紧跟政府政策导向与市场需求变化，及时调整投资策略与项目规划。通过灵活应对市场波动与政策调整，投资者能够更好地把握装配式建筑行业的发展脉搏，确保项目在复杂多变的市场环境中稳健前行。

装配式建筑投资回报率的优化是一项系统性工程，需要投资者在设计优化、运营管理、增值服务拓展及市场与政策洞察等方面全面发力。通过科学决策与精准施策，投资者不仅能够提升项目的投资回报率，还能有效降低投资风险，为装配式建筑行业的繁荣发展贡献力量。

三、装配式建筑经济效益提升策略

装配式建筑作为现代建筑工业化发展的重要方向，以其高效、环保、节能等特性在建筑领域展现出巨大的潜力和优势。然而，要充分发挥装配式建筑的经济效益，我们需要制定和实施一系列的策略。本部分我们将从技术创新、产业链优化、政策支持三个方面探讨装配式建筑经济效益的提升策略。

（一）技术创新策略

技术创新是推动装配式建筑蓬勃发展的核心引擎，亦是提升其经济效能的关键路径。针对预制构件这一装配式建筑的核心基石，持续的研发创新至关重要。通过探索高强度、耐久性强、保温隔热性能优异的新型预制构件，我们不仅能够增强建筑的整体性能，这更是对经济效益的一次显著提升。

与此同时，智能建造技术的深度融合为装配式建筑插上了智慧的翅膀。借助物联网、大数据、云计算及人工智能等前沿科技，实现建筑信息的全面数字化与智能化管理，施工流程得以高效优化，质量监控更加精准，从而有效降低了建设成本，缩短了项目周期。例如，物联网技术的应用让预制构件的追踪与管理变得透明高效，而大数据分析则为施工方案的科学制定提供了坚实的数据支撑。

此外，绿色建造技术的推广应用，是装配式建筑践行可持续发展理念的关键举措。从节能、节地、节水、节材等多维度出发，通过集成可再生能源利用、高效节能建材及绿色建筑设计策略，装配式建筑在降低能耗与排放的同时，显著提升了建筑的环保属性与经济效益，为用户创造了更加健康、舒适且与自然和谐共生的生活空间。

（二）产业链优化策略

装配式建筑的蓬勃发展依托于一个高效协同、结构完善的产业链体系。为了进一步提升其经济效益与竞争力，我们需从多个维度深入优化这一产业链，构建更加紧密、高效的产业生态。

首先，全面完善装配式建筑产业链的布局是基石。这意味着我们不仅要强化上游预制构件生产企业的技术创新能力与生产效能，确保高质量构件的稳定供应；还要在中游环节，通过优化运输网络与安装技术，提升施工效率与现场作业质量，减少资源浪费与时间成本；同时，在下游维护管理领域，引入智能化、精细化的维护策略，延长建筑生命周期，保障建筑性能的稳定发挥，从而为用户创造更长期的价值。

其次，深化产业协作与整合是推动产业链优化的关键。通过促进产业链上下游企业间的紧密合作，我们可以打破信息壁垒，实现资源的高效配置与共享。这种协作不仅限于物质资源的共享，更包括技术、人才、市场等多方面的优势互补，共同抵御市场风险，降低各环节成本，最终提升整个产业链的运作效率与经济效益。

最后，龙头企业的培育是引领产业链发展的核心动力。我们应积极扶持那些在技术研发、生产能力、市场影响力等方面具有显著优势的装配式建筑企业，使其成为行业的标杆与领头羊。这些龙头企业不仅能够通过自身的创新实践带动整个产业链的技术进步与产业升级，还能通过其强大的市场号召力，吸引更多资本与资源的投入，加速产业链上下游企业的协同发展，共同推动装配式建筑行业迈向更高水平。

（三）政策支持策略

政策支持在装配式建筑的发展蓝图中扮演着不可或缺的角色，它不仅是产业进步的催化剂，更是经济效益提升的坚实后盾。具体而言，政府可采取多维度策略来强化这一支持体系：

首先，财政扶持的强化是核心举措之一。政府应慷慨解囊，通过直接的资金补贴、税收减免等优惠政策，为装配式建筑项目注入强劲动力。这些措施有效降低了项目的初始投资门槛与运营成本，提升了项目的财务吸引力，从而激发了社会资本对装配式建筑领域的浓厚兴趣与积极参与。

其次，法律法规体系的完善是保障项目质量与市场秩序的关键。政府需与时俱进，制定并更新装配式建筑的相关标准、规范与监管机制，确保每一环节都有法可依、有章可循。这不仅为项目的质量与性能设立了高标准，也为投资者提供了清晰的投资指引与风险防护网，增强了市场信心。

再次，宣传推广力度的加大是拓宽市场需求的重要途径。政府应充分利用各类媒介平台，广泛传播装配式建筑的绿色、高效、可持续等优势，提升公众的认知度与接受度，通过成功案例分享、体验活动组织等形式，激发潜在消费者的兴趣与需求，为装配式建筑市场注入源源不断的活力。

最后，产学研合作的深化是推动技术创新与产业升级的关键力量。政府应搭建桥梁，促进高校、科研机构与企业之间的紧密合作，形成产学研用一体化的创新生态。通过资源共享、联合研发、人才培养等方式，加速科技成果向现实生产力的转化，不断提升装配式建筑的技术含量与市场竞争力。

技术创新、产业链优化与政策支持的协同作用，是装配式建筑经济效益跃升的强大引擎。这一进程需要政府发挥主导作用，企业积极响应，社会各界广泛参与，共同绘制装配式建筑产业繁荣发展的美好蓝图。

第三节　技术经济比较与决策

一、技术经济比较的原则与方法

技术经济比较的原则与方法是技术经济分析的核心内容，旨在通过对比不同技术方案的经济性和技术性，选择出最优方案。以下是技术经济比较的主要原则与方法：

（一）技术经济比较的原则

在进行不同技术方案的经济性比较时，我们需确保多个维度的可比性，以确保评估结果的公正与准确。首先，我们应满足产量或劳务量的可比性，即比较基础应统一为净产值、净完成工作量或净出力，以消除产量差异对经济效益评估的干扰。其次，质量功能上的可比性同样重要，我们需全面考量技术方案在满足需求质量与功能方面的表现，确保比较建立在相同或相近的质量标准之上。

再次，消耗费用的可比性要求从社会总消耗的角度出发，对各方案所耗费的劳动与费用进行统一核算与对比，以反映真实的成本差异。价格指标的可比性则是评估中的另一关键环节，我们需审慎选择合理且恰当的价格水平，避免价格扭曲导致的比较偏差。

最后，时间因素亦不容忽视，不同技术方案的技术经济比较必须设定相同的计算期作为共同基准，充分考虑时间跨度对效益评估的影响，确保比较结果能够真实反映各方案在长期运营中的经济效能。通过确保产量劳务、质量功能、消耗费用、价格指标及时间因素等多方面的可比性，我们能够更加科学、全面地评估不同技术方案的经济性。

（二）技术经济比较的方法

在决策过程中，技术经济比较分析法扮演着至关重要的角色。这些方法通过构建全面且细致的指标体系，从多个维度深入剖析各备选方案的技术可行性与经济合理性。具体而言，方案比较分析法通过详尽计算、深入分析和细致对比，旨在从多个候选方案中筛选出最为优越的一个，这一筛选过程严格依赖能够全面反映方案技术经济效果的一系列指标。

成本效益分析法则是另一种强有力的分析工具，它聚焦于成本与效益之间的直接比较，力求找到成本最低而效益最高的最优解。在这一框架下，方案的成本与效益被明确划分为两大类别，我们据此绘制出"成本—效益"曲线，为直观对比与科学决策提供有力支持。

对于建设项目、更新改造技术组织措施及企业生产经营中的技术方案，投资分析法显得尤为重要。它不仅考察项目的技术性、经济性，还深入剖析其社会影响，包括经营费用、投资额、投资回收期、社会积累贡献、就业创造及环境改善等多个方面，从而确保投资决策的全面性与长远性。

多指标评价法则进一步丰富了技术经济比较的内涵，它通过计算、分析和比较多个反映建筑产品功能与耗费特点的技术经济指标，对设计方案的经济效果进行全面而深入的评价。这种方法可细分为多指标对比法和多指标综合评分法，为决策者提供了更加灵活多样的分析工具。

此外，静态投资效益评价法与动态投资效益评价法也在技术经济比较中占据重要地位。前者忽略资金的时间价值，采用计算费用法等简单直观的方法进行评估；而后者则充分考虑资金的时间价值因素，适用于生命周期相同或不同的设计方案。在动态评价中，净现值法、净年值法及差额内部收益率法等工具被广泛应用，以确保投资决策的科学性与合理性。

技术经济比较分析法是一系列复杂而精细的决策工具集合。在运用这些工具时，我们需要紧密结合项目特点与需求，遵循可比性原则，综合考虑多种因素，以确保决策过程的科学性与决策结果的合理性。

二、装配式建筑技术方案优选

（一）装配式建筑技术方案优选的重要性

装配式建筑技术方案的精心优选，是构筑项目成功的基石。此过程不仅深刻影响着项目的核心要素——施工周期、成本效益与工程质量，一个精心策划的技术方案能够高效压缩建设时长，精细化控制成本开支，并显著提升工程品质，进而在激烈的市场竞争中脱颖而出，赢得先机。同时，这一选择还紧密关联着项目的绿色生态属性，鉴于当今社会对环境保护的日益重视，采纳蕴含节能减排特性的装配式建筑技术方案，对于促进项目与自然环境和谐共生，实现可持续发展目标具有不可估量的价值。此外，技术方案的不断优选与迭代，亦是企业技术革新与产业升级的强劲驱动力。通过持续探索与引入前沿技术，企业能够有效积累技术储备，提升核心竞争力，引领行业向更高层次迈进，共同推动装配式建筑领域的繁荣与发展。

（二）装配式建筑技术方案优选的原则

在装配式建筑技术方案的优选过程中，我们需遵循一系列核心原则以确保决策的全面性与科学性。首要的是技术先进性原则，这意味着所选方案应兼具前沿性与创新性，紧密贴合项目实际需求，并展现出对未来发展趋势的敏锐洞察与引领能力。其次，经济合理性原则亦不可忽视，它要求我们在评估技术方案时，深入考量其投资成本效益比，确保项目能够以合理的成本实现预期的经济回报。

再次，节能环保性原则在现代建筑领域尤为重要，我们需确保所选技术方案能够积极响应国家和地方的环保政策，展现出卓越的节能减排性能，降低项目运行过程中的能耗与排放，为可持续发展贡献力量。

复次，可行性原则则是一个综合性的考量维度，它不仅涵盖了技术上的可实现性，还涉及经济、社会等多方面的综合评估，确保项目在技术、经济及社会层面均具备顺利实施的坚实基础，并能如期达成既定目标。

最后，安全性原则作为项目成功的基石，要求我们在选择技术方案时，必须将项目的安全风险置于首要位置，通过详尽的安全评估与风险防控措施，确保项目在实施与运营过程中始终保持高度的安全性和可靠性。装配式建筑技术方案的优选应全面遵循技术先进性、经济合理性、节能环保性、可行性及安全性等原则，以实现项目的整体优化与可持续发展。

（三）装配式建筑技术方案优选的方法

在装配式建筑技术方案的优选征程中，采用多元化、系统化的评估方法至关重要，这些方法共同构成了确保项目成功的坚实基石。综合评价法以其全面性著称，通过精心构建涵盖技术先进性、经济效率、环保效益、实施可行性及安全稳固性等多维度的评价指标体系，对候选方案进行量化打分与深入剖析，从而精准锁定综合表现最优的方案。

层次分析法则以其层次分明的逻辑结构见长，将复杂的决策过程拆解为清晰可辨的层次与因素集，通过专家判断与数学模型的巧妙结合，量化各因素间的相对重要性，科学计算出权重分布，为技术方案的优先级排序提供了严谨依据。

面对评价过程中的模糊性与不确定性，模糊综合评价法展现了其独特优势。该方法运用模糊数学的精妙理论，将模糊信息转化为可比较的量化指标，通过一系列复杂的模糊集合运算，得出既贴近实际又具说服力的综合评价结果，为选择最具潜力的技术方案提供了有力支撑。

案例分析法，作为实践智慧的结晶，通过深入挖掘过往项目的成败经验，为当前决策提供了宝贵的镜鉴。它不仅能够帮助我们规避已知风险，还能激发创新思维，促使我们在技术方案选择时更加审慎与明智。

此外，专家咨询法作为集思广益的重要途径，汇聚了领域内资深专家的深厚知识与丰富经验。通过面对面的深入交流或书面的专业意见征集，我们可以直接获取来自权威的声音，为技术方案的最终敲定注入专业力量与前瞻视野。

装配式建筑技术方案的优选是一项系统工程，需综合运用多种科学方法，遵循技术领先、经济高效、绿色环保、切实可行及安全至上的原则，通过全面、细致、科学的评估流程，确保选出的技术方案既符合项目实际需求，又能引领行业未来发展方向，为装配式建筑项目的成功实施奠定坚实基础。

三、基于技术经济的项目决策分析

（一）项目决策分析的必要性

在项目管理与战略规划的广阔舞台上，技术经济分析不仅是提升决策质量的关键，更是推动项目成功与资源高效配置的核心引擎。这一过程深刻地融入了对项目技术可行性、经济效益及社会环境等多维度的系统审视，确保了决策过程既科学又合理，有效降低了因盲目或片面决策而带来的风险，为项目的稳健前行奠定了坚实基础。

具体而言，技术经济分析如同一面明镜，照亮了项目前行的道路，使我们能够清晰地看到项目的内在价值与外部挑战。它不仅帮助我们明确了项目的具体需求与长远目标，还通过精细化的资源评估与配置策略，实现了人力、物力、财力等宝贵资源的最大化利用。这种精准的资源调度，不仅提升了项目的执行效率，还确保了每一份投入都能转化为实实在在的价值回报。

更为重要的是，在技术经济分析的助力下，项目能够更加敏锐地捕捉市场动态，精准把握消费者需求与行业竞争态势。基于对项目技术特点、经济效益及市场潜力的深刻洞察，我们能够制定出更加灵活多变、高效精准的市场策略，从而在激烈的市场竞争中脱颖而出，赢得更多的市场份额与客户信赖。这不仅提升了项目的核心竞争力，更为企业的长远发展注入了源源不断的动力与活力。

（二）基于技术经济的项目决策分析框架

项目决策分析是一个多维度、系统性的过程，旨在全面评估项目的可行性与价值。首先，技术可行性分析构成了决策的基础框架，它深入考察项目所采用技术的成熟度、可靠性及其与项目需求的契合度，同时评估技术的创新潜力与未来竞争力，确保技术路径的稳健与领先。

其次，经济效益分析跃居核心地位，通过对项目全生命周期内的投资成本、运营成本、预期收益及投资回收期等关键经济指标的详尽剖析，量化了项目的经济回报潜力与投资价值。在此过程中，不容忽视的是对各类风险因素的审慎考量，包括市场风险、技术风险等，旨在制定有效的风险管理策略，保障项目财务稳健。

再次，社会环境分析作为重要补充，拓宽了决策视野，它聚焦于项目对外部社会的多维影响，如环境保护成效、就业创造能力及社会贡献度等，旨在确保项目不仅经济效益显著，更能促进社会和谐与可持续发展，赢得广泛的社会认同与支持。

最后，综合评价与决策阶段整合了前述所有分析维度，通过构建一套科学、全面的综合评价指标体系，对各备选方案进行客观评分与排序，优中选优。在决策定夺之际，我们还需紧密结合项目的战略定位、市场需求变化及企业资源配置状况，确保决策既符合逻辑又贴近实际，为项目的成功实施奠定坚实基础。

（三）基于技术经济的项目决策分析的实际应用

在项目生命周期的每一个关键节点，技术经济的项目决策分析均展现出其不可替代的价值。从投资决策的初期，它便如同指南针，引领投资者穿越迷雾，精准评估项目的投资潜力与潜在风险，助力描绘稳健且高回报的投资蓝图。进入实施阶段，该技术经济分析则转变为项目管理的得力助手，通过对关键成功要素与潜在障碍的深入剖析，定制出高效且适应性强的执行策略，确保项目在复杂多变的环境中稳健前行。而当项目圆满落幕，它再次化身为反思与进步的催化剂，通过全面回顾项目的经济成效、技术创新及社会贡献，提炼宝贵经验，揭示潜在不足，为未来的项目决策提供宝贵的洞见与指导，推动项目管理实践的不断精进与革新。因此，技术经济的项目决策分析不仅是项目成功的护航者，更是推动项目管理向更高水平迈进的关键力量。

第四节　装配式建筑投资与融资模式

一、投资与融资模式概述

(一) 投资模式概览

投资作为经济活动中的关键驱动力量，其核心在于资金的智慧配置与风险收益的平衡考量。在多元化的投资生态中，直接投资与间接投资形成了两大基本路径。直接投资，作为资本直接注入生产或服务领域的桥梁，不仅促进了社会资本的有效积累与经济增长的活力，也伴随着资金锁定期长、回收风险较高的特性。相比之下，间接投资通过金融市场的媒介作用，以证券购买等形式灵活参与资本循环，其优势在于资金的快速流动性与投资组合的灵活性，但市场波动与信用风险亦不容忽视。

进一步细分，投资领域可划分为实业投资与金融投资两大阵营。实业投资深耕于实体经济沃土，聚焦于制造业、服务业等具体行业，追求通过实体运营实现长期稳定的收益回报，这要求投资者具备深厚的行业洞察与运营驾驭能力，以有效抵御市场竞争与经营风险。而金融投资则驰骋于金融市场的广阔天地，紧盯股票、债券、期货等金融工具中的机遇，其特点在于高风险伴随高收益，考验着投资者的金融素养与风险承受能力，是一场智慧与胆识的较量。

(二) 融资模式分析

融资活动作为企业与个人获取资金的重要手段，其核心在于融资模式的选择，这一选择深刻影响着企业的资本结构构建、融资成本高低及长远发展的蓝图规划。具体而言，融资模式主要分为债权融资与股权融资两大类。债权融资，即通过债券发行或银行贷款等途径筹措资金，其优势在于维护了企业的所有权结构，但相应地，也伴随着财务杠杆的提升及按期偿债的压力。相比之下，股权融资则是通过发行股票吸引投资者，使其成为企业股东，共享经营成果，其优势在于避免了固定的财务负担，但势必会伴随企业所有权与控制权的部分稀释。

此外，从资金来源角度划分，融资还可分为内部融资与外部融资两种策略。内部融资依赖企业内部的留存收益与折旧积累，其优势在于无融资成本且不会增加外部财务风险，但其规模受限于企业的盈利状况与折旧政策。而外部融资，则通过向银行、资本市场等外部渠道筹集资金，能快速获取大额资本支持，但同时需承担更高的融资成本与潜在的财务风险，具体形式涵盖银行贷款、债券及股票发行等多种方式。

（三）投资与融资的互动关系

投资与融资，作为经济活动的两大支柱，彼此依存，相互塑造。一方面，企业的投资需求如同灯塔，指引着融资决策的方向。在项目规划之初，企业便需细致考量预期收益、潜在风险及资金需求，进而精准匹配适宜的融资路径与规模。高风险追求者或许会青睐股权融资的分散效应，而稳健型项目则可能倾向于债权融资的成本效益，展现了投资需求对融资策略的深刻影响。

另一方面，融资环境的冷暖直接作用于企业的投资决策空间。融资渠道与成本直接关系到企业资金的充沛程度与项目的可行性边界。在融资紧缩期，企业需审慎评估资源分配，避免因资金掣肘而错失良机。因此，洞察融资环境的变迁，预见性地调整投资策略，成为企业稳健前行的关键。

更进一步，投资与融资的协同优化，是企业追求长远发展的必由之路。这意味着企业需综合运用财务管理智慧，根据自身财务状况、市场风向及项目特性，精心策划投资与融资策略。通过优化资金配置，平衡融资成本与风险，构建两者间的正向反馈机制，确保每一笔投资都有坚实的资金后盾，每一次融资都能精准对接成长需求，共同推动企业稳健迈向既定目标。总之，深刻理解投资与融资的内在逻辑与互动机制，对于企业和个人在复杂经济环境中做出睿智决策，实现可持续发展，至关重要。

二、装配式建筑 PPP 模式分析

（一）装配式建筑 PPP 模式概述

装配式建筑，这一融合了高效、环保与节能特性的新兴建筑模式，近年来已在全球范围内引发了广泛关注。与此同时，PPP 模式作为一种创新的合作模式，通过将公共与私营部门的优势资源有效整合，为基础设施建设与公共服务领域注入了新的活力。装配式建筑 PPP 模式，正是这一合作理念的生动实践，它将装配式建筑的创新理念与 PPP 模式的合作精髓相结合，构建了一个公私携手共进、互利共赢的发展框架。

在这一模式下，公共部门扮演着至关重要的角色，其通过制定有利政策、提供必要的资金支持及强化市场监管等措施，为装配式建筑项目的顺利推进营造了一个健康、稳定的发展生态。而私营部门则依托其在技术革新、高效管理、雄厚资金等方面的独特优势，为项目注入了强大的驱动力，提供了全方位、专业化的服务支持。公私双方基于共同的目标与愿景，通过签署详尽的合作协议，明确界定了各自的权责范围，确保了项目在实施过程中的顺畅与高效，共同推动了装配式建筑行业的蓬勃发展。

（二）装配式建筑 PPP 模式的优势分析

装配式建筑 PPP 模式以其独特的优势，为项目融资、技术革新、风险管理和社会福祉带来了全面提升。首先，该模式成功吸引了大量私人资本的参与，有效减轻了政府财政负担，同时借助私人部门在资金管理上的专长，优化了资金配置，加速了项目实施步伐，并降低了融资成本，显著提升了项目的经济效能。

其次，在技术层面，私人部门所掌握的前沿装配式建筑技术与管理经验为项目注入了强大动力，不仅提高了建设效率与工程质量，还通过技术创新持续推动行业进步，降低了建设成本。这种技术优势的融入，为装配式建筑行业的可持续发展奠定了坚实基础。

再次，风险分担机制是装配式建筑 PPP 模式的另一大亮点。通过公私双方明确界定各自责任领域，公共部门专注于政策导向与市场监管，抵御政策风险与市场波动；而私人部门则聚焦于项目执行与运营，直面技术、管理与财务挑战。这种风险共担模式有效降低了项目的整体风险敞口，增强了项目的韧性与成功概率。

最后，从社会效益视角来看，装配式建筑 PPP 模式不仅促进了环保节能型建筑的发展，助力环境改善与能源效率提升，还通过撬动私人资本参与基础设施建设，激发了经济增长潜力，促进了就业增长。此外，公私合作的透明化运作，增强了项目的公信力与公众参与度，为构建和谐社会贡献了积极力量。

（三）装配式建筑 PPP 模式的实施策略

装配式建筑 PPP 模式作为建筑业与公私合作领域的一次深度融合，其成功实施离不开多维度、系统化的策略支持与保障。首先，在政策层面，政府应扮演引领者与推动者的角色，通过制定一系列具有前瞻性和激励性的政策措施，如税收减免、专项补贴、优先供地等，为私人资本的积极参与创造有利条件。同时，加大对装配式建筑技术的宣传力度，举办技术交流会、展示会等活动，提升社会各界对这一新兴建筑模式的认知度与接受度，营造良好的市场氛围。

其次，构建稳固而高效的合作机制是确保装配式建筑 PPP 项目顺利推进的关键。公私双方需基于平等、互信的原则，明确界定各自的职责范围与权利边界，确保合作过程中的权责清晰、利益均衡。同时，建立灵活的风险共担与利益共享机制，根据项目的实际情况与双方的贡献度，合理分配收益与承担风险，激发双方的积极性与创造力。此外，加强沟通协调，建立定期会议、信息共享等机制，及时解决合作中遇到的问题与挑战，确保项目按计划有序进行。

再次，在项目管理方面，我们应实施全生命周期的精细化管理。从项目策划阶段开始，我们就需制订详尽的项目计划，明确各阶段的目标、任务与时间表。在设计、施工、运营等关键环节，引入先进的项目管理理念与方法，如建筑信息模型技术、精益建造等，提高项目管理的科学化、信息化水平。同时，加强质量控制、进度管理与成本控制，确保项目在预定的时间、成本范围内达到既定的质量标准。

针对装配式建筑 PPP 项目可能面临的各种风险，我们需建立完善的风险管理体系。通过全面的风险评估，识别项目潜在的风险源与风险点；建立风险预警机制，对可能发生的风险进行实时监控与预警；制定风险应对策略与预案，确保在风险发生时能够迅速响应、有效应对。此外，加强风险意识教育与培训，提升项目团队的风险识别与防范能力，为项目的平稳运行保驾护航。

最后，人才是装配式建筑PPP模式发展的核心驱动力。政府与企业应携手共进，加大人才培养与引进力度。一方面，通过设立专项基金、开展校企合作等方式，培养一批既懂装配式建筑技术又具备项目管理能力的复合型人才；另一方面，积极引进国际先进技术与人才，借鉴国外成功的项目管理经验与技术标准，推动我国装配式建筑PPP模式不断创新与发展。

第五节　技术经济分析在装配式建筑项目中的应用

一、装配式建筑项目前期投资决策分析

（一）装配式建筑项目前期投资决策的必要性

装配式建筑项目的前期投资决策，作为项目成功的先决条件，其重要性不言而喻。此阶段，投资者需进行多维度、深层次的考量，确保项目在市场定位、技术实现、经济及社会效益上均具备坚实基础。首先，精确的市场调研与需求分析为项目设定了清晰的目标与方向，不仅明确了项目的市场需求与竞争态势，更为后续策略规划提供了指南针。

其次，经济与社会效益的双重评估是前期投资决策的核心环节。通过详尽的成本效益分析，投资者能精准估算投资回报潜力，确保项目财务可行性；同时，兼顾环境友好与社会贡献的考量，项目在追求经济效益的同时，也符合可持续发展的时代要求。

最后，风险管理的强化是前期投资决策不可或缺的一环。通过系统性识别、评估项目潜在风险，并预设应对策略，投资者能有效构筑风险防线，降低不确定性对项目成功的影响。此外，前期决策的严谨论证与同行评审机制，如同双重保险，帮助投资者及时发现并解决潜在问题，为项目的顺利推进奠定坚实基础，最大化投资效益与成功率。

（二）装配式建筑项目前期投资决策分析的内容

在装配式建筑项目的前期投资决策阶段，一个全面而深入的分析框架是确保项目成功与可持续性的基石。这一过程不仅聚焦于市场需求的精准把握，还涵盖了技术可行性的严谨评估、经济效益的细致考量及社会效益的综合审视。

首先，市场需求分析是项目立项的先决条件。它要求投资者深入调研项目所在地的市场需求规模、结构及其变化趋势，同时密切关注竞争对手的动态，以明确项目的市场定位与发展策略。这一过程不仅帮助投资者识别市场缺口与机遇，还为项目后续的定制化设计与市场推广提供了坚实的市场依据。

其次，技术可行性分析是项目成功的关键保障。投资者需对装配式建筑技术的成熟度、可靠性、经济性及项目特定的技术路线、工艺流程、设备选型等进行详尽评估。这不仅确保了项目在技术层面的可行性与经济性，还通过技术创新与优化降低了项目

实施的技术风险，提升了项目的整体竞争力。

再次，经济效益分析则是投资者决策的核心环节。通过对项目投资规模、运营成本、收益预测及投资回报率、财务效益的细致分析，投资者能够全面评估项目的盈利能力与投资价值。这一过程不仅为投资决策提供了量化的经济依据，还促使投资者在资源配置与成本控制方面做出更加科学合理的决策。

复次，社会效益分析也是不可忽视的重要方面。投资者需关注项目对环境、社会及可持续发展的影响，评估其在促进节能减排、改善居住环境、提升城市形象等方面的贡献。这种全面视角的考量不仅有助于提升项目的社会认可度与品牌形象，还为项目的长期稳定发展奠定了坚实的社会基础。

最后，风险评估与管理是确保项目顺利推进的重要手段。投资者需对项目可能面临的市场风险、技术风险、财务风险等进行全面评估，并制定相应的风险应对措施。这一过程不仅帮助投资者及时发现并纠正项目存在的问题，还通过风险规避、降低与转移等手段有效降低了项目的投资风险，提升了项目的成功概率与投资效益。

装配式建筑项目的前期投资决策是一个涉及市场需求、技术可行性、经济效益、社会效益及风险评估与管理等多个维度的综合考量过程。通过这一系列的深入分析与评估，投资者能够做出更加明智、科学的投资决策，为项目的成功实施与可持续发展奠定坚实的基础。

二、装配式建筑项目中期成本控制与管理

（一）装配式建筑项目中期成本控制与管理的主要内容

在装配式建筑项目的中期管理阶段，成本控制成为确保项目经济效益与竞争力的关键环节。针对材料、人工、机械及间接成本四大核心领域，我们需采取一系列精细化管理措施以实现成本的有效管控。

首先，针对材料成本，作为项目成本的"大头"，我们必须实施严格的全程管控策略。通过强化材料计划管理，运用先进的预测模型精准估算材料需求量与最佳采购时机，避免过度采购与缺货风险。同时，优化库存管理，引入智能仓储系统减少库存积压，遵循先进先出原则确保材料新鲜度与质量。此外，现场材料使用亦需精细化管理，推行限额领料制度，结合施工进度动态调整材料供应，减少浪费，提升材料使用效率。

其次，人工成本的控制同样重要。优化施工流程设计，精简非增值作业，减少无效劳动与返工，从根本上提升劳动效率。同时，加大对施工人员的技能培训与素质提升投入，建立学习型组织，鼓励员工技能多元化发展，以适应装配式建筑对复合型人才的需求。此外，构建科学合理的激励机制，如绩效挂钩、技能津贴等，充分激发员工潜能与创造力，形成积极向上的工作氛围。

再次，机械成本的控制亦不容忽视。加强对机械设备的日常维护保养，确保其处于最佳工作状态，减少因故障导致的停机损失。通过精细化排班与任务调度，合理安排机械设备的使用时间与方式，避免闲置与过度使用，实现机械资源的优化配置。同时，强化机械操作人员的专业培训与安全教育，提升其操作技能与安全意识，减少因

操作不当导致的机械损坏与安全事故。

最后，间接成本的控制同样需要细致入微。通过引入现代化项目管理工具与方法，提升项目管理效率，减少不必要的管理开支。优化临时设施布局，采用模块化、可重复使用的临时设施，降低建设与维护成本。同时，加强水电等公共资源的精细化管理，实施定额管理，推广节能节水技术，减少资源消耗与浪费，为项目总成本的降低贡献力量。

（二）装配式建筑项目中期成本控制与管理的实施策略

在装配式建筑项目的中期阶段，成本控制与管理的精细实施对于项目的整体经济效益、风险控制及管理水平提升具有举足轻重的作用。此阶段，我们的首要任务是精心策划并出台详尽的成本控制计划，该计划需明确界定成本控制的具体目标、实施路径、责任归属及关键时间节点，为整个成本控制流程树立清晰的航标。

随后，构建一套健全的成本控制体系成为确保计划有效执行的关键。这一体系不仅应涵盖完善的成本控制规章制度与操作流程，还应设定明确、可量化的成本控制指标，以制度化和规范化的方式推动成本控制工作的深入开展。通过这一体系，我们能够确保成本控制工作的每一个环节都有章可循、有据可依，从而大幅提升成本控制的效率与效果。

同时，注重成本控制人员的专业成长与团队建设亦不可忽视。通过定期的专业培训、技能提升及有效的管理机制，我们能够不断激发成本控制人员的内在潜能，提升他们的专业素养与综合能力，使其更好地适应项目成本控制工作的复杂需求与挑战。

在科技日新月异的今天，积极引入并应用先进的成本控制技术与方法同样重要。例如，利用建筑信息模型技术实现成本数据的可视化与精细化管理，或通过云计算平台实现成本数据的实时共享与协同分析，这些都能显著提升成本控制的精准度与效率，为项目决策提供更为坚实的数据支持。

此外，加强与供应商和分包商的战略合作也是降低项目成本的有效途径。通过建立长期稳定的合作关系，我们不仅能够确保材料供应的及时性与质量的稳定性，还能在价格谈判、资源共享等方面获得更多优势，从而有效降低项目成本。

最后，定期进行成本分析与评估是保障成本控制目标达成的必要手段。通过对比实际成本与预算成本的差异，深入分析成本偏差的原因，并据此调整成本控制策略与方法，我们能够确保项目成本始终保持在可控范围内，为项目的顺利推进与成功交付奠定坚实基础。装配式建筑项目中期成本控制与管理的成功实施，需要综合运用多种策略与方法，以实现对项目成本的全面、精准与有效控制。

三、装配式建筑项目后期效益评估与总结

（一）装配式建筑项目后期效益评估的主要内容

在装配式建筑项目的后期效益评估中，经济效益、社会效益、环境效益与技术效益构成了全面审视项目综合价值的四大维度。经济效益评估聚焦于投资回报的量化分

析，通过投资回报率、成本效益比、净现值及内部收益率等关键指标，精准刻画项目的盈利潜力与投资效率，验证其经济价值是否达成预期。

社会效益评估则转向更广阔的社会视角，评估项目对地方就业市场的促进、经济发展的驱动及对社会福利的增进作用，同时密切关注项目对周边生态环境的潜在影响，确保项目不仅经济可行，更在社会和谐与环境保护上贡献积极力量。

环境效益评估作为绿色发展的重要标尺，深入剖析项目在节能减排、资源高效利用及废弃物管理等方面的表现，通过具体数据如能源消耗量、碳排放足迹及建筑废弃物回收率等，客观反映项目对可持续环境的贡献与改进空间，为后续项目的绿色转型提供宝贵参考。

最后，技术效益评估聚焦于项目的技术创新。它细致考察项目引入的新技术、新工艺、新材料的应用成效，不仅衡量技术创新带来的效率提升与成本节约，更着眼于技术引领的未来潜力，激励行业不断探索与突破，推动装配式建筑技术的持续进步与革新。

（二）装配式建筑项目后期效益评估的实施策略

在装配式建筑项目步入后期，进行效益评估是一项至关重要的工作，它旨在全面审视项目的成效与影响。首先，制订一份详尽的评估计划是首要任务，该计划需精确界定评估的目标、涵盖范围、采用的方法及关键时间节点，为后续工作铺设清晰路径。其次，数据的收集与整理成为评估的核心基础，项目从投资到成本、从收益到环境影响的全方位数据均需细致搜集并深入分析，以确保评估结论的精准无误与坚实可靠。

再次，在评估方法的选择上，我们需根据项目特性与评估目的灵活匹配，无论是通过对比分析法洞察项目前后变化，还是运用趋势分析法预测未来发展趋势，抑或是借助专家评估法汲取专业智慧，关键在于方法的适用性与评估结果的客观性。最后，评估工作的成果将凝聚成一份详尽的评估报告，它不仅总结评估的目标、方法与成果，更提出针对性的建议与策略，旨在为后续项目的优化升级与持续改进提供宝贵的参考与指引。

第九章 装配式建筑标准化与信息化

第一节 装配式建筑标准化体系

一、标准化体系构建原则与方法

（一）标准化体系构建原则

构建装配式建筑标准化体系时，我们需秉持系统性、先进性、实用性、开放性与动态性五大核心原则，以确保体系既科学严谨又贴合实际。系统性原则强调体系内部各标准间的协调互补，构成逻辑严密、功能完备的有机整体；先进性原则则要求体系紧跟技术前沿，不仅可反映当前最高水平，还可预见未来发展趋势，引领行业进步；实用性原则确保体系紧密贴合项目实际需求，标准内容易于实施，真正服务于生产实践；开放性原则促使体系兼容并蓄，便于与国内外相关标准无缝对接，推动标准的国际化步伐；动态性原则则赋予体系灵活应变能力，使之能随技术革新与市场变迁而持续演进，保持长久的生命力与适应性。

（二）标准化体系构建方法

在精心构建装配式建筑标准化体系的征途中，我们可综合运用多种策略以确保体系的全面性与实用性。首先，借助调查研究法，我们深入装配式建筑项目的现场，细致剖析其运作实况，精准捕捉项目需求与现存问题，为标准化体系的基石奠定坚实的数据支撑。其次，需求分析法登场，它引领我们深入挖掘项目内在需求，明确标准制定的核心导向与关键领域，确保标准的制定有的放矢。

再次，分类归纳法则如同一把钥匙，帮助我们条理化地梳理装配式建筑项目的各类要素，将其有序地划分为不同层级与类别的标准，构建起层次清晰、逻辑严密的标准化框架。而专家咨询法则犹如智慧灯塔，我们诚邀装配式建筑领域的权威专家参与咨询与评审，借助他们的深厚学识与丰富经验，为标准的科学性与权威性保驾护航。

最后，试点验证法作为实践检验的利器，被应用于部分装配式建筑项目中，通过实际运行，收集宝贵的一线反馈，为标准的全面推广奠定坚实的实践基础。这一系列方法的综合运用，共同推动着装配式建筑标准化体系向着更加完善、高效的方向迈进。

二、装配式建筑标准制定与修订

(一) 标准制定的程序

装配式建筑标准的制定流程严谨而系统，涵盖从立项到发布的六大关键步骤。在立项阶段，明确标准设定的初衷、适用范围及核心内容，并组建专业团队负责具体工作。随后进入调研阶段，深入装配式建筑项目一线，广泛收集实际情况与需求信息，为标准的制定奠定坚实基础。基于调研成果，进入草案编制阶段，精心撰写标准草案，并邀请行业专家参与咨询与评审，确保草案的专业性与前瞻性。紧接着，草案面向社会广泛征求意见，汇聚多元视角，收集宝贵反馈与建议。随后进入审查阶段，对草案进行严格把关，确保其科学性、合理性与可实施性。最后，通过审查的标准正式发布，并通知相关各方遵照执行，推动装配式建筑行业的规范化与标准化进程。

(二) 标准修订的时机与方式

在装配式建筑标准的动态维护与优化过程中，我们应精准把握修订时机与灵活采用修订方式。面对技术日新月异与市场风云变幻，适时修订成为确保标准保持前沿性与实用性的关键，使标准始终与行业发展脉搏同频共振。针对仅需微调或补充的局部内容，局部修订策略有效降低了修订成本，同时限缩了影响范围，实现了高效精准的标准维护。而当装配式建筑技术迎来革新性突破或市场需求发生根本性转变时，全面修订则显得尤为必要，它以全局视角审视并重构标准体系，确保了标准的全面覆盖与内在逻辑的严谨性。此外，反馈修订机制作为标准持续改进的重要一环，鼓励从标准执行实践中汲取智慧，及时吸纳各方反馈与建议，对标准进行针对性优化，从而不断提升标准的精准度与实用性，推动装配式建筑标准体系向着更加完善与高效的方向迈进。

(三) 标准制定的内容要求

装配式建筑标准的内容需兼顾明确性、完整性、协调性、可操作性与先进性等多重维度。标准内容务必清晰具体，便于理解与实施，确保标准的实际效用。同时，标准应全面覆盖项目各关键环节，形成完整、系统的规范体系，无遗漏、无死角。在标准间的相互关系上，强调协调互补，避免内部矛盾与冲突，维护标准的和谐统一。此外，标准还需具备高度的可操作性，能够无缝对接实际项目需求，指导实践应用。最重要的是，标准应紧跟技术前沿，既体现当前装配式建筑技术的领先水平，又预示未来发展趋势，为行业进步提供有力支撑。

三、标准化体系在项目管理中的应用

(一) 提高项目管理效率

装配式建筑标准化体系的引入，为项目管理领域带来了深刻的变革与提升。这一体系不仅为项目管理流程与方法树立了明确的标杆与规范，还极大地促进了管理效率与品质的飞跃。通过确立统一的标准与操作规范，项目管理中的各个环节得以无缝衔接，有效规避了重复作业与低效劳动，显著降低了管理成本。同时，标准化体系如同导航灯塔，指引着项目管理团队沿着既定轨道高效前行，这不仅加速了决策过程，还确保了管理决策的精准性与一致性，从而全面提升了项目管理的整体水平，为装配式建筑的可持续发展奠定了坚实的基础。

（二）确保项目质量与安全

标准化体系在装配式建筑领域构筑起一道坚实的屏障，为项目的质量和安全保驾护航。该体系通过精心制定并严格执行一系列统一的技术准则与安全规范，不仅确保了项目从设计蓝图到施工实践的每一个环节都能精准对接高标准要求，还有效遏制了质量瑕疵与安全隐患的滋生，从而大幅提升了项目的整体可靠性与安全性，为建筑行业的可持续发展奠定了坚实基础。

（三）促进技术创新与发展

装配式建筑标准化体系不仅是行业发展的坚固基石，更是技术创新与进步的强劲引擎。该体系通过精心策划与持续修订技术标准，为技术创新绘制了清晰的蓝图，精准导航了研发方向与重点突破领域，有力推动了前沿技术、先进工艺及创新材料的融合应用，显著提升了装配式建筑项目的科技内涵与价值增量。同时，这一体系搭建起技术创新的广阔舞台，为科研成果的快速转化与实际应用铺设了畅通无阻的道路，加速了技术从实验室走向市场的步伐。

装配式建筑标准化体系在促进产业整体进步中扮演着不可或缺的角色。它不仅确保了项目建设与管理的规范化与高效化，提升了项目的品质与效益，更为技术革新与产业升级铺设了坚实的基石。因此，在装配式建筑领域的每一步前行中，我们都应深刻认识到标准化体系建设的重要性，并坚定不移地推动其深入实施与广泛应用。

第二节　装配式建筑标准化设计

一、标准化设计流程与方法

（一）标准化设计流程

装配式建筑的标准化设计流程，作为保障设计品质与效率的核心环节，其严谨性与系统性贯穿于整个设计周期的每一个细微之处。第一，这一流程起始于深入细致的需求分析与目标设定阶段，通过对市场趋势的敏锐洞察、对功能需求的精确捕捉及对性能指标的清晰界定，为项目设计奠定了坚实的基础。

第二，设计策划与规划阶段接过接力棒，设计师们在此阶段精心布局，不仅勾勒出建筑的宏观框架，包括合理的建筑布局、对结构体系的巧妙选择及对功能区域的科学划分，还巧妙融入了可持续发展的理念，确保项目既满足当前需求，又兼顾未来拓展的可能性。

第三，预制构件的标准化设计成为整个流程的重中之重。此阶段聚焦于构件的精细化设计，从尺寸规格的统一规范，到连接方式的创新优化，再到节点设计的严密考量，每一细节都力求精准无误，旨在实现构件的批量化生产、高效运输与快速组装，从而在提升建造速度的同时，也确保了建筑结构的稳固与安全。

第四，设计评审与优化环节则如同一道质量关卡，对初步设计成果进行全面审视。专家团队凭借丰富经验与专业眼光，提出宝贵意见与建议，促使设计方案不断迭代升级，直至达到最优状态，完美契合相关标准与规范要求。

第五，施工图绘制与审查阶段则是将设计理念转化为实际施工指导的关键步骤。施工图不仅需精准无误地反映设计意图，还需经过多轮严格审查，确保每一线条、每一标注都经得起实践的考验，为现场施工的顺利进行提供有力保障。

第六，项目完成后的后期评估与总结阶段，是对整个设计流程成效的回顾与反思。通过对标准化设计实施效果的客观评价，总结经验教训，提炼成功要素，我们不仅为当前项目画上圆满句号，更为未来装配式建筑设计提供了宝贵的参考与借鉴，推动行业持续进步与发展。

（二）标准化设计方法

在装配式建筑标准化设计的广阔领域中，一系列高效且创新的方法被广泛应用，以推动设计过程的优化与效率的提升。其中，模块化设计作为核心策略之一，将复杂的建筑系统巧妙分割为若干个独立且功能明确的模块单元。这些模块不仅拥有标准化的尺寸规格，还各自承载着特定的功能使命，通过灵活的组合拼接，实现了建筑形态与功能的多样化探索，极大地丰富了设计可能性。

参数化设计则是另一项革命性的工具。它依托于先进的参数化设计软件平台，设计师仅需通过调整预设的参数变量，即可迅速生成一系列风格迥异、符合特定需求的设计方案。这一方法不仅极大地缩短了设计周期，提高了设计效率，还使得设计过程更加直观、可控，为设计师提供了前所未有的创作自由度与精确度。

此外，仿真模拟技术的应用更是为装配式建筑的设计优化插上了翅膀。借助专业的仿真模拟软件，设计师能够对设计方案进行深入的虚拟测试与分析，从结构强度、热工性能到风环境、光环境等多个维度全面预测建筑的实际表现。这一过程不仅帮助设计师提前发现并解决潜在问题，还为设计方案的持续优化提供了强有力的数据支撑与科学依据。

最后，标准化数据库的建设为装配式建筑设计的标准化与规范化奠定了坚实基础。该数据库汇聚了丰富的构件尺寸、材料性能、连接方式等标准化数据资源，为设计师提供了便捷的数据查询与参考服务。这不仅减少了设计过程中的重复劳动与数据误差，还促进了设计成果的标准化与互操作性，为装配式建筑行业的规模化、标准化发展注入了强大动力。

二、预制构件标准化设计

（一）预制构件设计原则

预制构件的标准化设计需紧密遵循一系列核心原则，以确保设计成果的高效、经济与适应性。首要原则是通用性，即构件设计需广泛适用于多种建筑场景，以满足不同项目的多样化需求，促进资源共享与灵活配置。标准化原则紧随其后，强调构件的尺寸规格、连接机制及节点细节均需严格遵循既定标准与规范，以此确保构件间的无缝对接与高效组合，提升整体系统的互换性与协同性。模块化原则则是设计的精髓所在，通过赋予构件模块化的特性，不仅便于构件间的自由拼接与拆分，还为建筑的个性化定制与多样化呈现提供了无限可能。最后，经济性原则不容忽视，它要求在确保构件质量与功能达标的同时，积极寻求成本优化的路径，通过设计创新与技术进步，有效降低构件生产成本，提升项目的整体经济效益。

（二）预制构件设计要点

在预制构件的精心设计中，我们需细致把握几大核心要点以确保构件的优质与高效。首先，尺寸标准化是基础，构件的尺寸务必遵循既定的行业标准与规范，这不仅是保障构件间互换性与组合灵活性的关键，也是适应实际施工与运输条件的前提。其次，连接方式的设计至关重要，它要求兼顾安全性、可靠性与施工便捷性，焊接、螺栓连接及榫卯连接等均为常用且有效的手段，设计时我们需全面考量连接强度、耐久性及施工效率的综合平衡。

再次，节点作为预制构件间力的传递枢纽，其设计同样不容忽视。节点的承载能力与变形性能直接关系到整体结构的稳定性与安全性，铰接节点与刚接节点等形式的选用需基于对传力路径的清晰分析与对受力性能的精确评估。最后，材料选择亦不容忽视，构件材料应兼具优异性能与长久耐用性。混凝土、钢材、木材等均为常用之选，选择时我们需综合考虑材料的强度、刚度、耐久性等关键性能指标，以确保构件的整体品质与长期服役能力。

（三）预制构件设计优化

为深化预制构件的性能表现与经济效益，一系列优化策略应运而生。首先，聚焦于减轻自重，通过巧妙设计构件截面形状并引入轻质材料，有效降低构件自重，进而减轻建筑整体荷载，促进结构轻盈化。其次，强化构件强度成为另一关键举措，通过精细调整材料配比及选用高强度材料，显著提升构件承载能力，为建筑安全稳固保驾护航。再次，优化连接方式亦不容忽视，通过革新连接设计并采纳先进连接件，确保连接节点的稳固可靠与耐久长久，增强建筑整体结构的稳健性。最后，精细化设计理念的融入，针对构件细微结构精雕细琢，不仅提升了构件的加工精度，更赋予其视觉美感，使预制构件在性能与美学上达到完美平衡。

第三节　装配式建筑信息化管理平台

一、信息化管理平台构建框架

在装配式建筑行业中，信息化管理平台的构建被视为推动项目管理精细化、资源配置高效化、工程品质与安全双重保障的关键路径。一个全面而高效的信息化管理平台，其构建框架层次分明、功能互补，共同支撑着项目的顺畅运行。

基础设施层，作为整个体系的基石，稳固支撑着上层应用的运作。它不仅集成了高性能计算资源、海量存储能力，还配备了高速、稳定的网络架构，确保数据传输的即时性与安全性。此外，通过实施严格的备份与灾难恢复策略，有效抵御潜在的数据丢失风险，保障平台运行的不间断性。这一层级的高扩展性设计，更使得平台能够灵活应对未来业务增长的需求。

数据层，则是信息化管理平台的智慧核心，负责汇聚并管理各类关键数据资产。从建筑设计图纸的精细参数到预制构件的详尽信息，再到施工进度的实时跟踪与材料供应的精准调度，所有数据均在此得到安全存储与高效处理。通过采用先进的数据加密技术与访问控制机制，确保了数据的安全性与完整性；而高效的数据分析引擎，则为决策支持提供了强有力的数据洞察能力。

应用层，作为用户与平台互动的桥梁，精心设计了丰富多样的功能模块，旨在满足装配式建筑全生命周期管理的多元化需求。项目管理模块实现了任务的精准分配与进度透明化；预制构件管理系统确保了构件从设计到生产的无缝衔接；材料管理则实现了供应链的精细化调控；同时，质量与安全管理模块的应用，为工程质量与安全标准的严格执行提供了坚实保障。这些模块不仅界面友好、操作便捷，还具备强大的集成能力，能够与其他企业级系统无缝对接，促进信息的流通与共享。

服务层，作为平台服务能力的集中展现，它发挥着请求响应与结果反馈的作用。通过提供项目管理、深度数据分析、定制化报表生成等一系列增值服务，其不仅提升了服务响应的速度与效率，还增强了服务的灵活性与可扩展性。服务层的设计充分考虑了用户的多样化需求，支持快速定制与灵活配置，确保平台能够随着业务需求的变化而不断进化。

用户层，则是信息化管理平台价值的最终体现。项目管理人员、施工人员、供应商等各类用户，通过便捷的访问渠道，轻松掌握项目动态，高效利用平台资源。平台还通过智能通知与提醒机制，确保用户能够即时获取关键信息，做出迅速响应，从而进一步优化工作流程，提升整体协作效率。

二、信息化管理平台功能模块

一个综合性的装配式建筑信息化管理平台，其架构深度融合了项目全生命周期管理的精髓，涵盖了多个关键功能模块，共同编织成一张高效协同的管理网络。

项目管理模块作为平台的中枢，不仅承载着项目计划精细策划的重任，还通过进度可视化追踪、成本动态调控与质量闭环监控，确保项目每一环节都在既定的轨道上稳健前行。该模块利用先进的项目管理工具，助力用户精准把握项目脉搏，对潜在风险进行早期预警与快速响应，保障项目目标的顺利达成。

预制构件管理模块则是专为装配式建筑量身定制的管理利器，它实现了从预制构件的源头设计到成品入库的全过程管理。通过智能库存预警系统、柔性生产计划编排与严格的质量控制流程，该模块确保了预制构件的高效生产与精准供应，有效缩短了项目周期，提升了建造品质。

材料管理模块则是项目资源调配的智慧大脑。它整合了材料采购、仓储、消耗的全链条信息，实现了对材料需求预测、供应商绩效评估与成本精细核算的一体化管理。用户可在此模块中轻松获取实时库存快照，优化采购策略，有效控制材料成本，为项目的经济性与可持续性奠定坚实基础。

质量管理模块则是品质保障的坚实后盾。它构建了一套完善的质量管理体系，涵盖质量策划、过程监控、问题追溯与持续改进等环节。通过数字化质量记录、智能质量分析与快速响应机制，该模块确保项目质量始终处于受控状态，满足乃至超越客户要求与行业标准。

安全管理模块则是项目平稳运行的守护神。它聚焦于安全文化的建设与执行，通过安全策划的周密部署、安全检查的常态实施与安全隐患的快速处置，为用户打造了一个零事故的安全生产环境。该模块不仅提升了员工的安全意识与技能，也为项目的顺利进行提供了不可或缺的安全屏障。

这一信息化管理平台通过各功能模块的无缝集成与高效协同，为装配式建筑项目的全生命周期管理提供了全方位、智能化的解决方案，极大地提升了管理效率与项目品质。

三、信息化管理平台在项目管理中的应用

在装配式建筑项目的复杂管理体系中，信息化管理平台无疑扮演了核心驱动力的角色，其深入渗透至项目生命周期的每一个环节，极大地促进了管理效能的飞跃与项目品质的稳步提升。该平台不仅限于基础的功能实现，更通过智能化、集成化的技术手段，为项目管理者提供了前所未有的管理视角与决策支持。

第一，在实时进度监控方面，信息化管理平台依托先进的数据处理与分析能力，能够实现对项目进度的无缝对接与动态追踪。通过集成物联网、大数据等先进技术，平台能够自动捕捉施工现场的实时数据，包括但不限于施工队伍的作业进度、机械设备的使用效率等，进而生成详尽的进度图表与报告。这些直观、精确的信息不仅帮助管理者及时发现进度偏差，还能通过智能算法预测潜在延误风险，为及时调整施工计划、优化资源配置提供科学依据。

第二，预制构件追溯管理模块的引入，则是装配式建筑品质保障的重要一环。每一件预制构件都被赋予独一无二的身份标识，如二维码或 RFID 标签，这些信息载体记录了构件从设计、生产、运输到安装的全过程数据。通过简单的扫描操作，管理者即可轻松获取构件的详细履历，包括原材料批次、生产工艺参数、质量检测报告等，有效杜绝了不合格构件的流入，确保了建筑的整体质量与安全性。同时，这也为后续的维护与保养提供了宝贵的参考依据。

第三，在材料成本控制领域，信息化管理平台同样展现出了其独特的优势。平台通过集成财务管理系统、采购管理系统等，实现了对材料成本的全面掌控。从材料的采购申请、审批流程、价格谈判到入库出库，每一个环节都留有详细的记录与跟踪痕迹。平台能够自动计算材料成本，生成成本分析报告，帮助管理者洞悉成本变动趋势，

识别成本节约点，从而制定出更加科学合理的成本控制策略，提升项目的经济效益。

第四，质量管理模块的应用，使得装配式建筑项目的质量管理水平迈上了新的台阶。平台通过引入智能化质量检测工具与数据分析模型，实现了对质量数据的自动化采集与分析。无论是施工过程中的质量检查记录，还是竣工验收阶段的质量评估报告，都能被及时录入系统并生成详尽的质量报表与分析报告。这些报告不仅反映了项目的整体质量状况，还深入剖析了质量问题的成因与分布规律，为质量改进与提升提供了有力的数据支撑。

第五，安全预警与监控模块的加入，更是为装配式建筑项目的安全管理筑起了一道坚实的防线。平台通过集成视频监控、环境监测等多种传感器设备，实现了对施工现场全天候、全方位的监控与预警。一旦发现安全隐患或异常情况，平台将立即触发预警机制，通过短信、邮件等多种方式向相关责任人发出警报，并提示采取相应的应急处理措施。同时，平台还具备安全事故记录与分析功能，为事故调查与责任追究提供了翔实的证据与依据。

装配式建筑信息化管理平台以其强大的功能与广泛的应用场景，在提升项目管理效率、优化资源配置、确保工程质量与安全等方面展现出了不可估量的价值。随着技术的不断进步与应用的不断深化，该平台必将在推动装配式建筑行业持续健康发展的道路上发挥更加重要的作用。

第四节　装配式建筑标准化与信息化的协同发展

一、标准化与信息化协同发展的意义

在装配式建筑领域，标准化与信息化的深度融合不仅是行业现代化的重要标志，更是驱动行业向高质量、高效率与可持续发展迈进的双轮驱动引擎。这一协同发展策略，首先体现在对建筑品质的根本性提升上。标准化工作为建筑的全生命周期——从设计蓝图的绘制到生产车间的制造，再到施工现场的组装——铺设了一条清晰的质量基线，确保每一环节都遵循既定的高标准。而信息化技术的融入，则如同为这条基线装上了智慧之眼，通过实时监控、数据分析与智能预警，让质量问题无所遁形，为建筑质量的持续精进保驾护航。

生产效率的飞跃是标准化与信息化协同发展的又一显著成果。标准化的实施，促使预制构件等建筑元素实现了尺寸与规格的标准化，为规模化生产、流水线作业铺平了道路，大幅缩短了建造周期。同时，信息技术的加持，让生产流程自动化、智能化成为可能，不仅提升了生产速度，更保证了产品精度的飞跃。此外，信息化管理平台作为中枢大脑，精准调度资源，优化生产计划，确保每一环节都高效运转，资源得到最大化利用。

项目管理水平的提升，则是这一协同发展策略带来的又一红利。信息化管理平台如同项目管理的指挥官，实时掌握项目动态，通过大数据分析为决策提供科学依据。

标准化则确保了项目管理活动的规范性与一致性，减少了决策过程中的不确定性。两者结合，不仅提升了项目管理的透明度和响应速度，还促进了项目团队的协同作业，实现了项目管理从经验驱动向数据驱动、从被动应对向主动优化的转变。

更为重要的是，标准化与信息化的协同发展，为装配式建筑的绿色可持续发展奠定了坚实基础。通过标准化手段，行业能够更有效地推广节能设计、环保材料的应用，减少资源消耗与环境污染。而信息化技术的应用，则进一步提升了能源利用效率，实现了建筑运营过程中的精准管控与持续优化。这一系列举措，共同推动了建筑行业向更加绿色、低碳的未来迈进，同时激发了行业的创新活力，加速了新技术、新材料、新工艺的探索与应用，为装配式建筑行业的长远发展开辟了广阔空间。

二、标准化与信息化协同发展的策略

为有效推动装配式建筑标准化与信息化的深度融合与协同发展，我们应采取多维度、系统化的策略与措施。首先，构建一套全面而统一的标准化体系是基石，这要求我们在设计、生产、施工等各个环节确立清晰明确的标准与规范，确保装配式建筑全生命周期内的各环节协调统一，质量可追溯且易于控制。同时，建立健全标准的动态管理机制，确保标准能紧跟行业发展步伐，及时反映技术进步与市场变化。

其次，打造功能强大、用户友好且高度可扩展的信息化管理平台至关重要。这一平台需实现对装配式建筑项目从规划到交付的全过程监控，数据记录详尽准确，为决策提供坚实的数据支撑。此外，强化平台的安全防护措施，确保数据在传输、存储及处理过程中的安全无虞，是保障平台稳定运行的必要条件。

再次，推动数字化设计与制造技术的广泛应用是加速标准化与信息化融合的关键路径。通过引入先进的数字化设计软件，如建筑信息模型技术，实现设计过程的可视化、模拟化，提升设计精度与效率；同时，探索并应用3D打印、机器人自动化等前沿制造技术，推动生产流程的自动化与智能化升级，为装配式建筑带来革命性的变革。

复次，在标准化与信息化融合的过程中，我们需注重两者的相互促进与支撑。标准制定应前瞻性地融入信息化理念，预见并引导信息技术在装配式建筑中的应用方向；而信息化管理平台的开发则应严格遵循相关标准，确保其科学性与规范性，从而构建标准化与信息化相互依存、共同发展的良好生态。

最后，人才队伍建设是实现这一目标不可或缺的一环。通过加大对装配式建筑领域专业人才的培养力度，提升其标准化意识与信息化应用能力，我们打造一支既懂技术又懂管理的复合型人才队伍。同时，积极引进国内外优秀人才，为行业注入新鲜血液，共同推动装配式建筑标准化与信息化的协同发展迈向新高度。

参考文献

[1] 顾勇新，徐镭. 装配式建筑制造［M］. 北京：中国建筑工业出版社，2022.

[2] 张永强，朱平. 装配式建筑概论［M］. 北京：清华大学出版社，2022.

[3] 徐滨. 装配式建筑施工技术［M］. 北京：电子工业出版社，2022.

[4] 李宏图. 装配式建筑施工技术［M］. 郑州：黄河水利出版社，2022.

[5] 于淼，田珅，赵愈. 装配式建筑项目调度模型与方法［M］. 北京：化学工业出版社，2022.

[6] 马广阅，范小春. 装配式建筑围护墙体应用研究［M］. 武汉：武汉理工大学出版社，2022.

[7] 金占勇. 装配式建筑可持续发展的理论与实践［M］. 北京：中国建筑工业出版社，2022.

[8] 孙建华，田炜. 装配式混凝土建筑设计审查要点及常见问题［M］. 北京：中国建筑工业出版社，2022.

[9] 胡小玲，刘子锐，李鹏宇. 建筑装饰施工图设计与制作［M］. 北京：清华大学出版社，2022.

[10] 田建冬. 装配式建筑工程计量与计价［M］. 南京：东南大学出版社，2021.

[11] 赵维树. 装配式建筑的综合效益研究［M］. 合肥：中国科学技术大学出版社，2021.

[12] 王鑫. 装配式建筑构件制作与安装［M］. 重庆：重庆大学出版社，2021.

[13] 肖光朋. 装配式建筑工程计量与计价［M］. 北京：机械工业出版社，2021.

[14] 王光炎. 装配式建筑概论［M］. 北京：北京理工大学出版社，2021.

[15] 任媛，杨飞. 装配式建筑概论［M］. 北京：北京理工大学出版社，2021.

[16] 王昂，张辉，刘智绪. 装配式建筑概论［M］. 武汉：华中科技大学出版社，2021.

[17] 刘峥，谢俊，谢伦杰. 装配式建筑深化设计［M］. 北京：中国建筑工业出版社，2021.

[18] 刘丘林，吴承霞. 装配式建筑施工教程［M］. 北京：北京理工大学出版社，2021.

[19] 刘红，何世伟. 装配式建筑构件制作与安装［M］. 北京：北京工业大学出版社，2021.

[20] 肖明和，李静文，张翠华. 装配式建筑安全施工教程［M］. 北京：北京理工大学出版社，2021.